高等职业教育"十二五"规划教材

# 数字电子技术基础

桑茂兰 濮琼 徐明 主编 李忠国 主审

# Fundamentals of Digital Electronics

人民邮电出版社

北 京

**图书在版编目（CIP）数据**

数字电子技术基础 / 桑茂兰，濮琼，徐明主编. --
北京：人民邮电出版社，2012.9
高等职业教育"十二五"规划教材
ISBN 978-7-115-28950-6

Ⅰ．①数… Ⅱ．①桑… ②濮… ③徐… Ⅲ．①数字电
路－电子技术－高等职业教育－教材 Ⅳ．①TN79

中国版本图书馆CIP数据核字(2012)第173832号

## 内 容 提 要

为适应我国高职高专教育的要求，经过教学改革与实践，我们编写了这本《数字电子技术基础》。本教材的特点是淡化理论推导，注重电路的实际应用，内容深入浅出，通俗易懂，便于学生自学和教师施教。

本教材共分为七章，主要内容包括逻辑代数基础、集成逻辑门电路、组合逻辑电路、触发器、时序逻辑电路、脉冲信号的产生与变换、数模和模数转换电路等。各章均配有相应的例题和习题。

本教材可作为高等职业技术院校电子类、机电类专业电子技术基础课程的教材，也可供中等专业学校、高级技工学校或从事电子技术的有关工程技术人员学习、参考。

高等职业教育"十二五"规划教材

### 数字电子技术基础

♦ 主　编　桑茂兰　濮　琼　徐　明
　　主　审　李忠国
　　责任编辑　韩旭光

♦ 人民邮电出版社出版发行　　北京市崇文区夕照寺街 14 号
　　邮编　100061　电子邮件　315@ptpress.com.cn
　　网址　http://www.ptpress.com.cn
　　北京昌平百善印刷厂印刷

♦ 开本：787×1092　1/16
　　印张：8　　　　　　　　2012 年 9 月第 1 版
　　字数：197 千字　　　　2012 年 9 月北京第 1 次印刷

ISBN 978-7-115-28950-6

定价：19.80 元

读者服务热线：**(010)67132746**　印装质量热线：**(010)67129223**
反盗版热线：**(010)67171154**

# 前　言

　　本教材是根据高职高专电子技术课程教学大纲，结合目前高职高专电气、机电类专业教改实际情况和多年从事本课程教学工作经验，综合了部分参考资料编写而成的。

　　本教材系统地介绍了电子技术——数字电路的基本概念、基本理论、常用电路及其应用。每章知识体系按基本概念、电路构成、工作原理、典型应用层层推进。每章开篇都有"本章导读"和"本章要求"，使学生了解本章要点、明确学习目标，以此激发、引导学生探知究竟、达成目标。

　　本教材在编写过程中充分考虑到目前高职高专教学实际情况，理论知识以必需、够用为主，注重基本概念和分析方法；对电路构成则淡化内部结构、强调外部特性，尤其突出集成芯片引脚及应用方面的介绍；对电路原理分析以定性为主、定量为辅，弱化理论、强调应用；对常用的逻辑器件的应用，力求贴近学生、贴近生活，旨在培养学生理解应用电路、掌握器件使用的初步能力，加深学生对本门课程重要性、实用性的认识。

　　本教材的建议学时为 60。各校各专业可根据实际情况对书中内容适当删减。本书中带*号内容作为选学内容。

　　本教材由武汉铁路司机学校桑茂兰、濮琼主编，李忠国主审。全书共分为 7 章，由濮琼编写第 1、2 章，由桑茂兰编写第 3、4、5、6、7 章，全书由桑茂兰统稿。本教材的编写得到了武汉铁路司机学校徐水祥等领导的大力支持，且对本教材编写和出版提出了宝贵的意见，在此表示感谢！

　　由于编者水平有限，书中存在的一些问题和不妥之处，恳请广大读者批评指正。

编　者

2012 年 8 月

# 目　录

# 第 1 章　逻辑代数基础

**本章导读**　逻辑代数是把事物的逻辑关系用数学关系表示出来的方法，也称布尔代数。在逻辑代数中，事物的状态均可用二进制数 0 和 1 来表示，其基本运算有逻辑与、或、非。逻辑代数已经成为分析和设计数字电路的数学工具，是学习数字电路的基础。本章将首先介绍模拟信号、数字逻辑的基本概念，然后介绍数字电路中几种常见的数制和码制以及逻辑代数的基本概念、公式和定理，在此基础上重点介绍逻辑函数的几种表示方法及逻辑函数的化简。

**本章要求**　了解数字电路的基本概念；掌握数制和码制，能进行简单的计算；掌握 3 种最基本的逻辑运算；熟悉逻辑代数的基本概念、公式和定理；能用几种不同的方法来表示逻辑函数并能进行转换；掌握逻辑函数的两种化简方法。

## 1.1　模拟信号和数字信号

自然界的物理量形形色色，按其变化规律可分为两大类：模拟信号和数字信号。模拟信号是在时间上连续、在数值上也连续的物理量。它具有无穷多的数值，其数学表达式也较复杂。自然界中许多物理量属模拟性质的，如速度、压力、温度、声音、重量以及位置等。在工程技术上，为了便于分析，常用传感器将模拟量转换为电流、电压或电阻等电学量。电流和电压常用图形来表示，如正弦函数、指数函数等。图 1-1 所示为模拟信号。

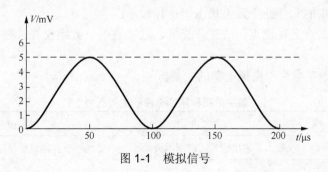

图 1-1　模拟信号

在时间和幅度上都是离散的信号，称为数字信号，如由计算机键盘输入计算机的信号等。如果把输入的高电平信号记为 1，输入的低电平信号记为 0，则电信号的变化非 1 即 0。这里的 1 和 0 不是十进制数中的数字，而是逻辑 1 和 0，称为数字逻辑，数字波形图（即脉冲波形图）如图 1-2 所示。

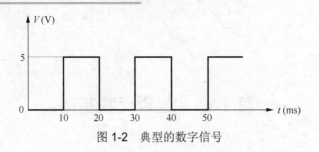

图 1-2  典型的数字信号

## 1.2  数字电路及其特点

通常将产生、变换、传送、处理模拟信号的电子电路称为模拟电路，将产生存储、变换、传送、处理数字信号的电子电路称为数字电路。在模拟电子技术中介绍的各种放大电路、集成运算放大器、正弦波振荡电路等就是典型的模拟电路，而寄存器、计数器等则是典型的数字电路。从整体来看，数字电路可以分为组合逻辑电路和时序逻辑电路两大类。

由于数字电路主要研究对象是输出与输入间的逻辑关系（因果关系），数字电路中三极管一般是作为开关元件来使用，工作在开关状态（截止区或饱和区），因而在数字电路中不能采用模拟电路的分析方法（加小信号微变等效电路法）。数字电路所采用的主要分析工具是逻辑代数，描述电路的功能主要用真值表、逻辑表达式及波形图等。随着计算机技术的发展，为了分析、仿真与设计数字电路或数字系统，可以采用硬件描述语言和 EDA 软件借助计算机以实现设计自动化。

数字电路与模拟电路相比主要有以下优点。

（1）电路结构简单、易集成和系列化生产，成本低，使用方便。

（2）数字信号在传输时采用高、低电平二值信号，因此数字电路抗干扰能力强、可靠性高，精确性和稳定性好，便于使用、维护和进行故障诊断。

（3）数字电路不仅能完成算术运算，还可以完成逻辑运算，具有逻辑推理和逻辑判断的能力，因此数字电路又称数字逻辑电路。

（4）数字电路中的元件处于开关状态，功耗较小。

由于数字电路具有上述优点，故在计算机、数字通信、数字仪表、数控装置方面得到了广泛的应用。

表 1-1 列出了数字电路和模拟电路的主要区别。

**表 1-1**  数字电路和模拟电路的主要区别

| | 数 字 电 路 | 模 拟 电 路 |
|---|---|---|
| 电路功能（研究的问题） | 输入、输出信号间的逻辑关系 | 如何不失真地进行模拟信号的放大、变换等 |
| 工作信号 | | |
| | 在时间和数值上是离散的 | 在时间和数值上是连续变化的 |

续表

|  | 数 字 电 路 | 模 拟 电 路 |
| --- | --- | --- |
| 三极管的作用及工作区域 | 开关，一般工作在截止区或饱和区 | 放大，工作在放大区 |
| 主要分析方法 | 逻辑代数 | 图解法、微变等效电路法等 |

## 1.3 数制和码制

### 1.3.1 数制

计数进位的规则称为计数体制，简称数制。人们在日常生活中，习惯用十进制数。在数字系统中，常用"1"和"0"来表示电路的通、断或电平的高、低，因此采用二进制数计数方式更加方便和实用。此外，在计算机中为了读写和操作方便，还常使用八进制数和十六进制数。不同进制之间可以相互转换。

1．十进制（Decimal）

十进制是以 10 为基数的计数进制。十进制数中，每一位可取 0～9 十个数码之一，规则为"逢十进一"。一个具有 $n$ 位整数和 $m$ 位小数的十进制数，可以记为 $(D)_D$，下标 D 表示括号中的 $D$ 为十进制数，下标也可用"10"表示。一般表达式为：

$$(D)_D = d_{n-1} \times 10^{n-1} + ... + d_1 \times 10^1 + d_0 \times 10^0 + d_{-1} \times 10^{-1} + ... + d_{-m} \times 10^{-m}$$

简单表示为：$(D)_D = \sum_{i=-m}^{n-1} d_i 10^i$

例如，327.56 可以表示成下列多项式

$$327.56 = 3 \times 10^2 + 2 \times 10^1 + 7 \times 10^0 + 5 \times 10^{-1} + 6 \times 10^{-2}$$

式中，$10^2, 10^1, 10^0$ 为整数部分的权；$10^{-1}, 10^{-2}$ 为小数部分的权，它们都是基数 10 的幂。数码与权的乘积称为加权系数，如 $3 \times 10^2$。因此，十进制的数值为各加权系数之和。

2．二进制（Binary）

二进制数是以 2 为基数的计数进制。在二进制中，每一位二进制数有 0、1 两个不同的数码，计数规则为"逢二进一"，各位的权为 2 的幂。任一个具有 $n$ 位整数和 $m$ 位小数的二进制无符号数可按权展开为：

$$(D)_B = d_{n-1} \times 2^{n-1} + ... + d_1 \times 2^1 + d_0 \times 2^0 + d_{-1} \times 2^{-1} + ... + d_{-m} \times 2^{-m}$$

$$= \sum_{i=-m}^{n-1} d_i 2^i$$

【例 1-3-1】将二进制数 $(100110)_2$ 转换为十进制数。

**解：**$(100110)_2 = 1 \times 2^5 + 0 \times 2^4 + 0 \times 2^3 + 1 \times 2^2 + 1 \times 2^1 + 0 \times 2^0 = (38)_{10}$

由于二进制数计数规则简单，且与电子器件的开关状态对应。因而在数字系统中获得广泛应用。

3．八进制（Octal）

在八进制数中，每个数位上规定使用的数码为 0，1，2，3，4，5，6，7 共 8 个，故其进位基数只为 8，其计数规则为"逢八进一"。各位的权为 8 的幂。八进制数用下标"8"表示，

也可用下标"o"表示，任一个具有 $n$ 位整数和 $m$ 位小数的八进制无符号数可按权展开为：

$$(D)_\text{O} = \sum_{i=-m}^{n-1} d_i 8^i$$

【例 1-3-2】将八进制数 $(167.5)_8$ 转换成十进制数。

**解：** $(167.5)_8 = 1 \times 8^2 + 6 \times 8^1 + 7 \times 8^0 + 5 \times 8^{-1}$

$\qquad\qquad\quad = 64 + 48 + 7 + 0.625$

$\qquad\qquad\quad = (119.625)_{10}$

可见，八进制数变为十进制只需要按权展开相加即可。

4．十六进制（Hexadecimal）

在十六进制中，每个数位上规定使用的数码符号为 0，1，2～9，A，B，C，D，E，F，共 16 个，故其进位基数为 16，其计数规则是"逢十六进一"。各位的权值为 16 的幂。十六进制数用下标"16"表示，也可用下标"H"表示，任一个具有 $n$ 位整数和 $m$ 位小数的十六进制无符号数可按权展开为：

$$(D)_\text{H} = \sum_{i=-m}^{n-1} d_i 16^i$$

【例 1-3-3】将 16 进制数 $(2B.4)_{16}$ 转换成十进制数。

**解：** $(2B.4)_{16} = 2 \times 16^1 + 11 \times 16^0 + 4 \times 16^{-1} = (43.25)_{10}$

可见，十六进制数变为十进制按权展开相加即可。

在计算机系统中，二进制主要用于机器内部的数据处理，八进制和十六进制主要用于编写程序，十进制主要用于运算最终结果的输出。

## 1.3.2　数制间的转换

1．任意进制数转换成十进制数

把非十进制数转换成十进制数采用按权展开相加法，在前面的内容中已经说明了此方法，这里不再重复。

2．十进制数转换成二进制数

十进制转换成二进数制时，其整数部分和小数部分的转换方法是不相同的，因此需要分别进行转换。

（1）整数的转换

整数的转换方法是采用"除 2 取余"法，一直除到商数为 0 为止。最先得到的余数为整数部分的最低位 $b_0$。

【例 1-3-4】将十进制数 23 转换成二进制数。

**解：** 根据"除 2 取余"法的原理，按如下步骤转换：

$$
\begin{array}{r|l}
2 & 23 \\
\hline
2 & 11 \\
\hline
2 & 5 \\
\hline
2 & 2 \\
\hline
2 & 1 \\
\hline
 & 0
\end{array}
\quad
\begin{array}{l}
\cdots\cdots\cdots 余1\ b_0 \\
\cdots\cdots\cdots 余1\ b_1 \\
\cdots\cdots\cdots 余1\ b_2 \\
\cdots\cdots\cdots 余0\ b_3 \\
\cdots\cdots\cdots 余1\ b_4
\end{array}
\quad
\begin{array}{c}
\uparrow \\
读 \\
取 \\
次 \\
序
\end{array}
$$

则 $(23)_D = (10111)_B$

（2）小数的转换

小数的转换方法是采用"乘 2 取整"法，一直进行到乘积的小数部分为 0 或满足要求的精度为止。最先得到的整数为小数部分的最高位 $b_{-1}$。注意：每次取整后，原整数要变为"0"，再继续乘 2。

【例 1-3-5】将十进制数 $(0.562)_D$ 转换成误差 $\varepsilon$ 不大于 $2^{-6}$ 的二进制数。

解：用"乘 2 取整"法，按如下步骤转换：

$$取整$$
$$0.562 \times 2 = 1.124 \cdots\cdots 1 \quad b_{-1}$$
$$0.124 \times 2 = 0.248 \cdots\cdots 0 \quad b_{-2}$$
$$0.248 \times 2 = 0.496 \cdots\cdots 0 \quad b_{-3}$$
$$0.496 \times 2 = 0.992 \cdots\cdots 0 \quad b_{-4}$$
$$0.992 \times 2 = 1.984 \cdots\cdots 1 \quad b_{-5}$$

由于最后的小数 0.984>0.5，根据"四舍五入"的原则，$b_{-6}$ 应为 1。因此

$$(0.562)_D = (0.100011)_B$$

其误差 $\varepsilon < 2^{-6}$。

如果一个十进制数既有整数部分又有小数部分，可将整数部分和小数部分分别按要求进行等值转换，然后合并就可得到结果。

3．二进制与八进制、十六进制间的相互转换

（1）二进制和八进制间的相互转换

由于八进制数的基数 $8 = 2^3$，故每位八进制数可用三位二进制数构成。将每位八进制数用三位二进制数来代替，再按原来的顺序排列起来，即得到了相应的二进制数。

相反，二进制数转换成八进制数的方法是：整数部分从低位开始，每三位二进制数为一组，最后不足 3 位的，则在高位加 0 补足 3 位；小数部分则从高位开始，每三位二进制数为一组，最后不足 3 位的，则在低位加 0 补足 3 位，然后用对应的八进制数来代替，再按顺序排列写出对应的八进制数。

（2）二进制和十六进制间的相互转换

由于十六进制数的基数 $16 = 2^4$，故每位十六进制数用 4 位二进制数构成。将每位十六进制数用 4 位二进制数来代替，再按原来的顺序排列起来，即得到了相应的二进制数。

相反，二进制数转换成十六进制数方法与转换成八进制数的方法类似，这里不再赘述。

【例 1-3-6】将十六进制数 6E.3A5 转换成二进制数。

解：$(6E.3A5)_H = (110 \quad 1110.0011 \quad 1010 \quad 0101)_B$

【例 1-3-7】将二进制数 1001101.100111 转换成十六进制数。

解：$(1001101.100111)_B = (0100\ 1101.1001\ 1100)_B = (4D.9C)_H$

### 1.3.3　码制

将一定位数的数码按一定的规则排列起来表示特定对象，称为编码。将形成这种代码所遵循的规则称为码制。在数字系统中，常用一定位数的二进制数码来表示数字、符号和汉字等。将若干个二进制数码 0 和 1 按照一定规律排列起来表示某种特定含义的代码，称为二进

制代码或二进制码。若所需编码的信息为 $N$ 项，则需用的二进制代码的位数 $n$ 应满足：$2^n \geqslant N$ 下面介绍几种常用的码制。

1. 二-十进制码

将十进制数的 0~9 十个数字用二进制数表示的代码，称为二进制编码的十进制数（Binary Coded Decimal），简称二-十进制码或 BCD 码。4 位二进制数码有 16 种组合，而一位十进制数只需用其中 10 种组合来表示。因此，用 4 位二进制数表示十进制数时，可以有很多种编码方式。表 1-2 所示为几种常用的 BCD 码。

表 1-2　　　　　　　　　　　　　常用的 BCD 码

| 十 进 制 数 | 8421 码 | 2421 码 | 5421 码 | 余 三 码 |
|:---:|:---:|:---:|:---:|:---:|
| 0 | 0000 | 0000 | 0000 | 0011 |
| 1 | 0001 | 0001 | 0001 | 0100 |
| 2 | 0010 | 0010 | 0010 | 0101 |
| 3 | 0011 | 0011 | 0011 | 0110 |
| 4 | 0100 | 0100 | 0100 | 0111 |
| 5 | 0101 | 1011 | 1000 | 1000 |
| 6 | 0110 | 1100 | 1001 | 1001 |
| 7 | 0111 | 1101 | 1010 | 1010 |
| 8 | 1000 | 1110 | 1011 | 1011 |
| 9 | 1001 | 1111 | 1100 | 1100 |
| 位权 | 8 4 2 1 $b_3 b_2 b_1 b_0$ | 2 4 2 1 $b_3 b_2 b_1 b_0$ | 5 4 2 1 $b_3 b_2 b_1 b_0$ | 无权 |

8421BCD 码是 4 位二进制数 0000（0）到 1111（15）16 种组合的前 10 种组合，即 0000（0）~1001（9），其余 6 种为无效码。它是最基本也是应用最多的一种 BCD 码，8，4，2，1 分别表示了每一位的权值，因为每一位的权值固定，因此称之为有权码，表中的 2421 码和 5421 码都为有权码。

余三码是 8421BCD 码的每个码组加 3(0011)形成的。它不能由各位二进制数的权来代表十进制，故属于无权码。

用 BCD 码表示十进制数时，只要把十进制数的每一位数码分别用 BCD 码取代即可。反之，若要知道 BCD 码代表的十进制数，只要把 BCD 码以小数点为起点向左、向右每 4 位分一组，再写出每一组代码代表的十进制数，并保持原排序即可。

如 $(39.85)_{10} = (0011\ 1001.1000\ 0101)_{8421BCD}$

$(010010010011.00100110)_{8421BCD} = (493.26)_{10}$

2. 格雷码

格雷码是一种典型的循环码，属于无权码，它有许多形式（如余 3 循环码等），其常用的编码如表 1-3 所示。循环码有两个特点：一个是相邻性，是指任意两个相邻代码之间仅有一位数值不同；另一个是循环性，是指首尾的两个代码也具有相邻性。因为格雷码的这些特性可以减少代码变化时产生的错误，所以它是一种可取性较高的代码。

| 表 1-3 | | | | 格雷码编码表 | | | | | | |
|---|---|---|---|---|---|---|---|---|---|---|
| 十进制 | 0 | 1 | 2 | 3 | 4 | 5 | 6 | 7 | 8 | 9 |
| 二进制 | 0000 | 0001 | 0010 | 0011 | 0100 | 0101 | 0110 | 0111 | 1000 | 1001 |
| 格雷码 | 0000 | 0001 | 0011 | 0010 | 0110 | 0111 | 0101 | 0100 | 1100 | 1101 |

思考：
 1. 常用的数制有哪几种，各数制间如何转换？
 2. 什么是码制？

## 1.4　逻辑代数基础

　　逻辑代数（又称为布尔代数）是由英国数学家乔治·布尔于 19 世纪中叶首先提出并用于描述客观事物逻辑关系的数学方法，广泛地被用于数字逻辑电路和数字系统中，成为逻辑电路分析和设计的有力工具，这就是逻辑代数。

　　逻辑代数与普通代数的相似之处在于它们都是用字母表示变量，用代数式描述客观事物间的关系。不同的是，逻辑代数是描述客观事物间的逻辑关系，逻辑函数表达式中的逻辑变量的取值和逻辑函数都只有两个值，即 0 和 1。这两个值不具有数量大小的意义，仅表示客观事物的两种相反的状态，如开关的闭合与断开；晶体管的饱和导通与截止；电位的高与低、真与假等。因此，逻辑代数有着不同于普通代数的独立规律和运算法则。数字电路在早期又称为开关电路，因为它主要是由一系列开关元件组成，具有相反的两个状态特征，所以特别适合用逻辑代数对其进行分析和研究，这就是逻辑代数广泛应用于数字电路的原因。

### 1.4.1　逻辑代数的 3 种基本运算

　　一切互相对立的逻辑状态都可以抽象地用逻辑 1 和逻辑 0 来表示，至于逻辑 1 和逻辑 0 各代表哪种状态，则是人为规定的。一般情况下，我们把用逻辑 1 代表高电平，用逻辑 0 代表低电平的规定称为正逻辑体制；反之则为负逻辑体制，对同一电路使用不同的逻辑体制来分析其逻辑关系，会得出截然不同的结论。所以，分析电路前一定要先确定采用哪一种逻辑体制。本书中，除特殊说明外，一律采用正逻辑体制。

　　在逻辑代数中，最基本的逻辑关系有 3 种，即与、或、非。

　　1. 与逻辑

　　只有当决定事物结果的所有条件全部成立时，结果才会发生，把这种因果关系称为与逻辑，也叫与运算或逻辑乘。

　　图 1-3（a）表示一个简单的与逻辑电路，只有当开关 A 和 B 全部接通时，灯泡 Y 才亮；有一个或两个开关不接通，Y 都不会亮。

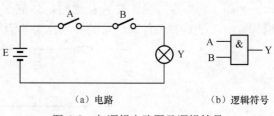

（a）电路　　　　　　（b）逻辑符号

图 1-3　与逻辑电路图及逻辑符号

如果假设灯泡不亮和开关断开均用逻辑 0 表示，而灯泡亮和开关接通均用 1 表示，则可得到与逻辑的运算表达式

$$Y = A \cdot B \tag{1.4.1}$$

式中的"·"表示 A、B 的与运算符号，读作"与"或"逻辑乘"，也可省略，写成 Y = AB 有的书中也用符号"∩"、"^"表示与运算的。

在数字电路中，把能实现"与运算"功能的电路叫与门，逻辑符号如图 1-3（b）所示。

为了更清晰全面地描述事物的逻辑关系，把输入变量的的所有可能的取值组合对应的输出变量列成表格，这种表格称为真值表。图 1-3（a）所示电路中 A、B 与 Y 的对应关系列成真值表如表 1-4 所示。为了方便记忆，与门的逻辑功能可归纳为"见 0 出 0，全 1 出 1"。

2. 或逻辑

当决定一件事情的几个条件中，只要有一个或一个以上条件具备，这件事情就会发生，我们把这种因果关系称为或逻辑。

图 1-4（a）表示一个简单的或逻辑电路，只要开关 A 或 B 接通或两者均接通则灯泡 Y 亮；只有 A 和 B 均断开时，灯泡 Y 才灭。

| 表 1-4 | 与逻辑真值表 | |
|---|---|---|
| A | B | Y |
| 0 | 0 | 0 |
| 0 | 1 | 0 |
| 1 | 0 | 0 |
| 1 | 1 | 1 |

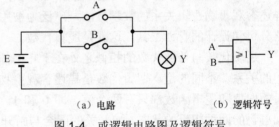

（a）电路　　　　　　（b）逻辑符号

图 1-4　或逻辑电路图及逻辑符号

或逻辑的逻辑表达式为：$Y = A + B$

式中的"+"表示 A、B 的或运算符号，读作"或"，也可读作"逻辑加"。

有的书中也用符号"∪"、"∨"来表示或运算的。

在数字电路中，把能实现"或运算"功能的电路叫或门，逻辑符号如图 1-4（b）所示。

或逻辑的真值表如表 1-5 所示，为便于记忆，或门的逻辑功能可归纳为"见 1 出 1，全 0 出 0"。

3. 非逻辑

决定事物的结果和条件的状态总是相反的，

| 表 1-5 | 或逻辑真值表 | |
|---|---|---|
| A | B | Y |
| 0 | 0 | 0 |
| 0 | 1 | 1 |
| 1 | 0 | 1 |
| 1 | 1 | 1 |

即条件具备时事情不发生；条件不具备时事情才发生，把这种关系称为非逻辑，或叫逻辑反。

如图 1-5 所示，当开关 A 接通时，灯泡 Y 不亮；而当开关 A 断开时，灯泡 Y 亮。在逻辑代数中，把这种条件和结果的关系称为非运算，也叫求反运算。

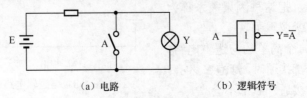

（a）电路　　　　　　（b）逻辑符号

图 1-5　非逻辑电路及逻辑符号

非逻辑的逻辑表达式为：$Y = \overline{A}$

式中的"－"为求反运算符号，读作"非"或"反"。

有的书中也用"¬"或"～"来表示非运算。

非逻辑的真值表如表 1-6 所示。

表 1-6　　非逻辑真值表

| A | $Y = \overline{A}$ |
|---|---|
| 0 | 1 |
| 1 | 0 |

### 1.4.2　复合逻辑运算

将基本的与、或、非三种逻辑关系组合起来构成复合逻辑运算，可实现不同的逻辑功能，从而满足应用电路的需要。常用的复合逻辑运算有与非运算、或非运算、与或非运算、异或运算等。表 1-7 列出了几种常用逻辑运算的规则、表达式、逻辑符号及真值表，便于比较学习。

表 1-7　　　　　　　　　　常用的几种逻辑运算

| | 与 | 或 | 非 | 与非 | 或非 | 异或 | 同或 |
|---|---|---|---|---|---|---|---|
| 逻辑规则 | 见 0 出 0，全 1 出 1 | 见 1 出 1，全 0 出 0 | 入出相反 | 见 0 出 1，全 1 出 0 | 见 1 出 0，全 0 出 1 | 相同出 0，相异出 1 | 相同出 1，相异出 0 |
| 表达式 | $Y = AB$ | $Y = A + B$ | $Y = \overline{A}$ | $Y = \overline{AB}$ | $Y = \overline{A + B}$ | $Y = \overline{A}B + A\overline{B}$ | $Y = \overline{AB} + AB$ |
| 逻辑符号 | A,B &—Y | A,B ≥1—Y | A —◦Y | A,B & ◦—Y | A,B ≥1◦—Y | A,B =1—Y | A,B =1◦—Y |

| A | B | Y | Y | Y | Y | Y | Y | Y |
|---|---|---|---|---|---|---|---|---|
| 0 | 0 | 0 | 0 | 1 | 1 | 1 | 0 | 1 |
| 0 | 1 | 0 | 1 | 1 | 1 | 0 | 1 | 0 |
| 1 | 0 | 0 | 1 | 0 | 1 | 0 | 1 | 0 |
| 1 | 1 | 1 | 1 | 0 | 0 | 0 | 0 | 1 |

（真值表）

**思考：**

　逻辑代数的 3 种基本运算是什么？它们的逻辑功能如何？

## 1.5　逻辑代数的基本公式和基本规则

### 1.5.1　基本公式

在逻辑代数中，只有逻辑乘、逻辑加和逻辑非 3 种基本运算，由此可得逻辑运算的一些基本公式和基本定律，现归纳如表 1-8 所示。

【例 1-5-1】证明：$A + AB = A$。

证：等式左 $= A(1 + B) = A \cdot 1 = A =$ 等式右

【例 1-5-2】证明：$A + \overline{A}B = A + B$。

证：等式左 $= A + AB + \overline{A}B = A + B(A + \overline{A}) = A + B =$ 等式右

表 1-8 逻辑代数的基本公式和基本定律

| 名　称 | 公式 1 | 公式 2 |
|---|---|---|
| 0-1 律 | $A + 0 = A$ <br> $A + 1 = 1$ | $A \cdot 0 = 0$ <br> $A \cdot 1 = A$ |
| 互补律 | $A + \overline{A} = 1$ | $A \cdot \overline{A} = 0$ |
| 交换律 | $A + B = B + A$ | $A \cdot B = B \cdot A$ |
| 结合律 | $A + B + C = (A + B) + C = A + (B + C)$ | $A \cdot B \cdot C = (A \cdot B) \cdot C = A \cdot (B \cdot C)$ |
| 重叠律 | $A + A = A (A + A + A + \cdots + A = A)$ | $A \cdot A = A (A \cdot A \cdot A \cdot \ldots \cdot A = A)$ |
| 分配律 | $A + B \cdot C = (A + B) \cdot (A + C)$ | $A \cdot (B + C) = A \cdot B + A \cdot C$ |
| 吸收律 | $A + AB = A$ <br> $A + \overline{A}B = A + B$ | $A \cdot (A + B) = A$ <br> $A(\overline{A} + B) = AB$ |
| 对合律 | $AB + A\overline{B} = A$ | $(A + B) \cdot (A + \overline{B}) = A$ |
| 非非律 | $\overline{\overline{A}} = A$ | |
| 包含律 | $AB + \overline{A}C + BC = AB + \overline{A}C$ | $(A + B)(\overline{A} + C)(B + C) = (A + B)(\overline{A} + C)$ |
| 反演律（摩根定律） | $\overline{A + B} = \overline{A} \cdot \overline{B}$ <br> （或 $\overline{A + B + C + \cdots} = \overline{A} \cdot \overline{B} \cdot \overline{C} \cdots$ ） | $\overline{A \cdot B} = \overline{A} + \overline{B}$ <br> （或 $\overline{A \cdot B \cdot C \cdot \cdots} = \overline{A} + \overline{B} + \overline{C} + \cdots$ ） |

【例 1-5-3】证明： $AB + \overline{A}C + BC = AB + \overline{A}C$

证：等式左 $= AB + \overline{A}C + (A + \overline{A})BC$

$\qquad = AB + \overline{A}C + ABC + \overline{A}BC$

$\qquad = AB(1 + C) + \overline{A}C(1 + B)$

$\qquad = AB + \overline{A}C =$ 等式右

### 1.5.2 基本规则

1. 代入规则

任何一个含有变量 A 的逻辑等式中，如果用另一个逻辑函数代替式中所有变量 A 的位置，则等式仍然成立，这就是代入规则。

代入规则扩大了基本公式的应用范围。

【例 1-5-4】用代入规则证明 $\overline{A \cdot B \cdot C} = \overline{A} + \overline{B} + \overline{C}$ 。

证：在 $\overline{A + B} = \overline{A} \cdot \overline{B}$ 中 B 的位置用 $B + C$ 代入可得

$\overline{A + (B + C)} = \overline{A} \cdot \overline{B + C} = \overline{A} + \overline{B} + \overline{C}$ ，即得证，同理可将反演律推广到 $n$ 变量。

2. 反演规则

由原函数求反函数，称为反演或求反。对于任何一个逻辑表达式 Y，将原函数 Y 中的 "·" 换成 "+"，"+" 换成 "·"，"0" 换成 "1"，"1" 换成 "0"，原变量换成反变量，反变量换成原变量，即可得反函数 $\overline{Y}$ ，这一规则称为反演规则。

反演规则使我们很容易求已知逻辑函数的反函数。使用时需要注意两点：一，不属于单个变量上的反号应保持不变；二，保持原来的运算优先顺序（即先算括号，再算乘，最后算加）。

【例 1-5-5】求 $Y = \overline{A}\,\overline{C} + BD$ 的反函数。

**解**：利用反演规则有 $\overline{Y} = (A + C) \cdot (\overline{B} + \overline{D})$，而不能写成 $Y = A + \overline{B}C + \overline{D}$。

3．对偶规则

对于任何一个逻辑表达式 Y，如果把其中的"·"与"+"互换，"0"与"1"互换，则所得到的表达式就是 Y 的对偶式，记做 Y'。

使用对偶规则需要注意两点：一，不要把原反变里互换，这点与反演规则不同；二，保持原来的运算优先顺序（即先算括号，再算乘，最后算加）。

【例 1-5-6】求 $Y = A(B + C)$ 的对偶式。

**解**：利用对偶规则有 $Y' = A + B \cdot C$

在表 1-5-1 所列公式中，除非非律外，其他均为对偶式，利用对偶规则很容易记忆。

---

**思考：**

1．逻辑代数中的基本定律有哪些？

2．逻辑代数的基本规则有哪 3 个？你能写出表 1-5-1 中公式 1 的对偶式吗？

---

# 1.6 逻辑函数的表示方法及其转换

## 1.6.1 逻辑函数的表示方法

逻辑函数是描述输入逻辑变量和输出逻辑变量之间的（即条件与结论之间）因果关系，无论是输入变量还是输出变量，都只能取 0 和 1 两种值。逻辑函数的描述方法有真值表、逻辑函数式（逻辑表达式）、逻辑电路图、时序图（波形图）和卡诺图等。

1．真值表

如前面所讲的，真值表是将所有输入逻辑变量的所有可能组合及相应的函数值（输出变量）列成表格的形式。$n$ 个输入变量最多有 $2^n$ 个状态组合。

一个确定的逻辑函数只有一个逻辑真值表，即真值表具有唯一性。

真值表的特点是：能够直观明了地反映变量取值和函数值的对应关系（即逻辑功能），便于把一个实际逻辑问题抽象成数学问题。但当变量较多时真值表显得比较烦琐，为了使输入变量的取值组合不出现遗漏或重复，输入变量的取值组合最好按自然二进制的顺序排列。

下面举一个举重裁判电路的例子。一次举重比赛有 3 个裁判，其中一个为主裁判，两个为副裁判。比赛规则规定，在一名主裁判和两名副裁判中，必须有两人及以上（而且必须包括主裁判）认定运动员动作合格，试举的成绩才为有效。根据要求，列出真值表 1-9，其中 A 表示主裁判掌握的开关，B 和 C 是两名副裁判掌握的开关，"1"表示合格，"0"表示不合格，而 Y 则表示试举成绩，"1"有效，"0"无效。

| 表 1-9 | | 举重裁判电路真值表 | |
| :---: | :---: | :---: | :---: |
| A | B | C | Y |
| 0 | 0 | 0 | 0 |
| 0 | 0 | 1 | 0 |
| 0 | 1 | 0 | 0 |
| 0 | 1 | 1 | 0 |
| 1 | 0 | 0 | 0 |
| 1 | 0 | 1 | 1 |
| 1 | 1 | 0 | 1 |
| 1 | 1 | 1 | 1 |

### 2．逻辑表达式

逻辑表达式是用与、或、非等逻辑运算组合式表示输入、输出关系。仍以举重裁判电路为例，可以看出，要使指示灯 Y 亮，开关 B、C 中至少有一个闭合，并且同时开关 A 是闭合的。由与、或的逻辑定义，可以得到逻辑表达式为：

$$Y = A(B + C) \tag{1-6-1}$$

或从表 1-9 中可以看出，要使 Y 亮，只有最后三种组合，即 A、C 亮或 A、B 亮或 B、C 同时亮，根据或的定义可以写出逻辑表达式为： $Y = AC + AB + ABC$

逻辑函数表达式的特点是：书写简洁方便，有利于用逻辑代数的公式进行化简或变换，也易于画出逻辑电路图。所以在数字电路的分析和设计中经常用到逻辑代数式。

从上面的举重裁判电路的例子可以看出，同一逻辑函数可以有多种形式的逻辑表达式，即一般的逻辑表达式不具有唯一性，但逻辑函数的标准形式是唯一的。

### 3．逻辑图

用逻辑符号表示逻辑函数中输入变量与输出变量之间逻辑关系的图形称为逻辑电路图（简称逻辑图）。可以将逻辑表达式中的各种逻辑运算用相应的逻辑符号代替画出逻辑图。以式 1-6-1 为例，画出逻辑图如图 1-6 所示。

逻辑图的优点是图中的逻辑符号与实际器件有明显的对应关系，便于制成实际的电路。

### 4．波形图

波形图是用波形来反应输入、输出之间对应关系的一种图形表示法，也称时序图。它的主要特点是直观反映了输出与输入在时间上的对应关系，由于它同实际电路中的电压波形相对应，故常用于数字电路的分析检测和设计调试中。如上面的举重裁判电路可用图 1-7 表示。

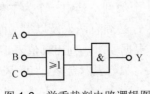

图 1-6  举重裁判电路逻辑图

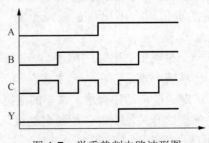

图 1-7  举重裁判电路波形图

5. 卡诺图

卡诺图是用最小项方块图表示逻辑函数的一种图形表示方式。使用卡诺图可以比较方便地化简逻辑函数表达式。在学习卡诺图之前先介绍一些基本概念。

（1）逻辑函数的最小项表达式

① 最小项的定义

$n$ 个变量的最小项是 $n$ 个因子的乘积，每个变量都以它的原变量或反变量的形式在乘积项中出现，且仅出现 1 次，则这些乘积项为 $n$ 变量逻辑函数的最小项。

一个两变量逻辑函数 Y(A，B)有 4( = $2^2$)个最小项，即 $\overline{A}\,\overline{B}$、$\overline{A}B$、$A\overline{B}$、$AB$；三变量逻辑函数 Y(A，B，C)有 8( = $2^3$)个最小项：$\overline{A}\,\overline{B}\,\overline{C}$、$\overline{A}\,\overline{B}C$、$\overline{A}B\overline{C}$、$\overline{A}BC$、$A\overline{B}\,\overline{C}$、$A\overline{B}C$、$AB\overline{C}$、$ABC$。同理，四变量逻辑函数有 $2^4$ 个最小项。依此类推，$n$ 变量逻辑函数应有 $2^n$ 个最小项。

② 最小项的性质

我们列出三变量全部最小项真值表，如表 1-10 所示。

表 1-10　　　　　　　　　三变量最小项真值表

| 变　　量 | $m_0$ | $m_1$ | $m_2$ | $m_3$ | $m_4$ | $m_5$ | $m_6$ | $m_7$ |
|---|---|---|---|---|---|---|---|---|
| A　B　C | $\overline{A}\,\overline{B}\,\overline{C}$ | $\overline{A}\,\overline{B}C$ | $\overline{A}B\overline{C}$ | $\overline{A}BC$ | $A\overline{B}\,\overline{C}$ | $A\overline{B}C$ | $AB\overline{C}$ | $ABC$ |
| 0　0　0 | 1 | 0 | 1 | 1 | 1 | 1 | 1 | 1 |
| 0　0　1 | 0 | 1 | 0 | 0 | 0 | 0 | 0 | 0 |
| 0　1　0 | 0 | 0 | 1 | 0 | 0 | 0 | 0 | 0 |
| 0　1　1 | 0 | 0 | 0 | 1 | 0 | 0 | 0 | 0 |
| 1　0　0 | 0 | 0 | 0 | 0 | 1 | 0 | 0 | 0 |
| 1　0　1 | 0 | 0 | 0 | 0 | 0 | 1 | 0 | 0 |
| 1　1　0 | 0 | 0 | 0 | 0 | 0 | 0 | 1 | 0 |
| 1　1　1 | 0 | 0 | 0 | 0 | 0 | 0 | 0 | 1 |

由表可得最小项具有以下性质。

a. $n$ 个变量有 $2^n$ 个最小项。

b. 在输入变量的任何取值下，有且只有一个最小项的值为 1。

c. 任意两个最小项之积恒为 0。

d. 全体最小项之和恒为 1。

e. 具有逻辑相邻的两个最小项之和可以合并成一项，并消去一个因子。

若两个最小项仅有一个因子不同，则称这两个最小项逻辑相邻。例如 $\overline{A}\,\overline{B}\,\overline{C}$ 和 $\overline{A}\,\overline{B}C$，只有最后一个因子不同，所以它们逻辑相邻，可以合并成一项，并消去那个不同的因子。

③ 最小项的编号

为了书写和叙述方便，常常对最小项编号。如表 1-10 中的 $m_0$、$m_1$、……$m_7$。方法是把与最小项对应的那一组变量取值组合作为二进制数，再转换成相应的十进制数，就是该最小项的编号。如 $\overline{A}B\overline{C}$，其对应的二进制数为 010，相当于十进制的 2，所以可以将 $\overline{A}B\overline{C}$ 记为 $m_2$。

④ 逻辑函数的最小项表达式

任意一个逻辑函数，都可以应用逻辑代数公式转换成最小项之和的形式，称为逻辑函数的最小项表达式。方法是先把逻辑函数写为与或表达式，然后将不是最小项的乘积项利用配项法乘以（ $X + \overline{X}$ ），补齐所缺因子，即可得该函数的最小项表达式。

【例 1-6-1】写出 $Y = A\overline{C} + BC$ 的最小项表达式。

解： $Y = A\overline{C}(B + \overline{B}) + BC(A + \overline{A})$

$\quad = AB\overline{C} + A\overline{B}\overline{C} + ABC + \overline{A}BC$

$\quad = m_6 + m_4 + m_7 + m_3 = \sum m(3,4,6,7)$

（2）卡诺图

① 卡诺图的画法

卡诺图是由美国工程师卡诺（Karnaugh）设计的一种最小项方格图。卡诺图中，每一个方格对应一个最小项，因此 $n$ 变量卡诺图应该有 $2^n$ 个小方格。最小项在方格中的排列具有几何相邻性和逻辑相邻性一致的特点。几何相邻即位置相邻，首先是直观相邻性，只要小方格在几何位置上相邻（不管上下左右），它代表的最小项在逻辑上一定是相邻的。其次是对边相邻性，即与中心轴对称的左右两边和上下两边的小方格也具有相邻性。二至五变量的卡诺图如图 1-8 所示。

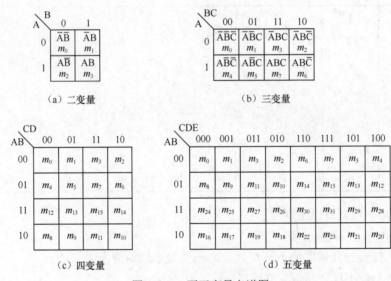

（a）二变量　　　　　　　　　　　　　（b）三变量

（c）四变量　　　　　　　　　　　　　（d）五变量

图 1-8　二至五变量卡诺图

卡诺图实际上是真值表的一种变形，一个逻辑函数的真值表有多少行，卡诺图就有多少个小方格。所不同的是真值表中的最小项是按照二进制加法规律排列的，而卡诺图中的最小项则是按照相邻性排列的。因为五变量以上的卡诺图比较复杂，应用较少，所以这里不做详细介绍。

② 逻辑函数用卡诺图表示

前面已经介绍，任何逻辑函数都可以表示成若干最小项之和的形式，而卡诺图的每个小方格就表示一个确定的最小项，因此可以用卡诺图来表示逻辑函数。具体方法：先把逻辑函数化为最小项之和的形式，然后根据变量数画出卡诺图结构，再根据最小项表达式填写卡诺图，在函数式中出现的最小项，其对应方格填 1，其余方格填 0 或者不填。这样就得到了表示该逻辑函数的卡诺图。换句话说，任何逻辑函数都等于它的卡诺图中填入 1 的那些最小项之和。

卡诺图的排列方式不仅比真值表紧凑，而且便于对函数进行化简，特别适用于五变量以下的逻辑函数的化简。

【例 1-6-2】用卡诺图表示逻辑函数 $F = \overline{A}\,\overline{B}\,\overline{C} + \overline{A}BC + AB\overline{C} + ABC$ 。

**解**：该函数为三变量，且为最小项表达式，写成简化形式 $F = m_0 + m_3 + m_6 + m_7$，然后画出三变量卡诺图，将卡诺图中 $m_0$、$m_3$、$m_6$、$m_7$ 对应的小方格填 1，其他小方格填 0。如图 1-9 所示。

如果逻辑表达式不是最小项表达式，但是"与或表达式"，可将其先化成最小项表达式，再填入卡诺图。熟悉以后也可直接由函数的与或式填写卡诺图，直接填入的具体方法是：分别找出每一个与项所包含的所有小方格，全部填入 1。

【例 1-6-3】用卡诺图表示逻辑函数 $G = A\overline{B} + BCD$ 。

**解**：在图 1-10 所示的四变量卡诺图中，先找出含有因子 $A\overline{B}$ 的最小项 $m_8, m_9, m_{11}, m_{10}$，这 4 项实际包含了 C 和 D 为原变量和反变量的各种组合；再找出含有因子 $BCD$ 的最小项 $m_5$ 和 $m_{13}$，这两项实际包含了 A 的原变量 $m_{13}$ 和 A 的反变量 $m_5$ 的两个最小项。根据以上方法可以很快画出逻辑函数的卡诺图。

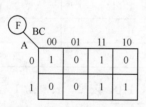

图 1-9　例 1.6.2 的卡诺图

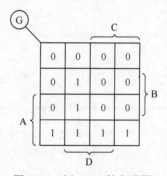

图 1-10　例 1.6.3 的卡诺图

## 1.6.2　逻辑函数各种表示方法之间的转换

从前面分析已经知道，同一个逻辑问题，可以用不同的方法来描述，因此不同方法表示的逻辑函数是可以相互转换的。

1. 逻辑表达式与真值表的转换

（1）将逻辑表达式转换成真值表

由逻辑表达式列出真值表的方法是：首先，根据输入变量、输出变量的个数列出表格（$n$ 个输入变量有 $2^n$ 种取值组合），再将输入变量的各种取值组合逐一代入逻辑表达式中计算出输出变量的值，填入表格即可。

【例 1-6-4】列出逻辑函数 $Y = \overline{A}\,\overline{B} + AB$ 的真值表。

**解**：如表 1-11 所示。

表 1-11　　　　　　　　　　　　　　例 1-6-4 的真值表

| A | B | Y |
|---|---|---|
| 0 | 0 | 1 |
| 0 | 1 | 0 |
| 1 | 0 | 0 |
| 1 | 1 | 1 |

（2）将真值表转换成与或逻辑表达式

将真值表转换成与或逻辑表达式的方法是：将真值表中函数值为 1 的变量组合找出来，按照"取值为 1 写成原变量，取值为 0 写成反变量"的原则，把组合中的各变量相乘，再把这些乘积项相加，即可得到相应的与或逻辑表达式。

【例 1-6-5】已知逻辑函数的真值表如表 1-12 所示，写出它的逻辑表达式。

表 1-12　　　　　　　　　　　　　　例 1.6.5 真值表

| A | B | C | Y |
|---|---|---|---|
| 0 | 0 | 0 | 0 |
| 0 | 0 | 1 | 0 |
| 0 | 1 | 0 | 1 |
| 0 | 1 | 1 | 1 |
| 1 | 0 | 0 | 0 |
| 1 | 0 | 1 | 0 |
| 1 | 1 | 0 | 1 |
| 1 | 1 | 1 | 0 |

**解：**使输出函数值为 1 的变量组合 ABC 为 010、011、110，按照"取值为 1 写成原变量，取值为 0 写成反变量"的原则，可写出 3 个乘积项为 $\overline{A}B\overline{C}$、$\overline{A}BC$、$AB\overline{C}$，把它们相加，即得逻辑表达式为：

$$Y = \overline{A}B\overline{C} + \overline{A}BC + AB\overline{C}$$

2. 逻辑表达式与逻辑图间的转换

逻辑表达式与逻辑图间的转换其实就是运算符号与逻辑符号之间的转换。

3. 逻辑表达式与卡诺图间的转换

由逻辑表达式画出卡诺图的方法前面已经学习，反之，怎么由卡诺图得到逻辑表达式呢？由于卡诺图是逻辑函数最小项之和形式的图形表示，因此，只要将卡诺图中对应小方格为 1 的最小项写出来，再把它们相加即可。

【例 1-6-6】已知卡诺图如图 1-11 所示，请写出对应的逻辑表达式。

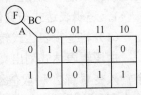

图 1-11　例 1-6-6 的卡诺图

**解：**根据前面所讲的方法，可写出逻辑表达式为 $F = \overline{A}\,\overline{B}\,\overline{C} + \overline{A}BC + ABC + AB\overline{C}$

# 1.7　逻辑函数的化简

## 1.7.1　逻辑函数的最简形式

同一个逻辑函数可以用不同形式的逻辑表达式来表示,而每个表达式的繁简程度往往相差甚远。而逻辑表达式越简单,在实际应用中用到的逻辑器件就越少,因此我们经常需要通过化简来得到逻辑表达式的最简形式。

1. 逻辑函数式的常见形式

一个逻辑函数的表达式不是唯一的,可以有多种形式,并且能互相转换。常见的逻辑式主要有 5 种形式,如:

$$Y = AC + \overline{A}B \qquad\qquad 与\text{-}或表达式$$
$$= (A + B)(\overline{A} + C) \qquad\qquad 或\text{-}与表达式$$
$$= \overline{\overline{AC} \cdot \overline{\overline{A}B}} \qquad\qquad 与非\text{-}与非表达式$$
$$= \overline{\overline{A + B} + \overline{\overline{A} + C}} \qquad\qquad 或非\text{-}或非表达式$$
$$= \overline{\overline{AC} + \overline{\overline{A}B}} \qquad\qquad 与\text{-}或非表达式$$

在上述多种表达式中,与-或表达式是逻辑函数的最基本表达形式。因此,在化简逻辑函数时,通常是将逻辑式化简成最简与-或表达式,然后再根据需要转换成其他形式。

2. 最简与-或表达式的标准

(1) 与项最少,即表达式中"+"号最少。

(2) 每个与项中的变量数最少,即表达式中"·"号最少。

## 1.7.2　逻辑函数的代数化简法

用代数法化简逻辑函数,就是直接利用逻辑代数的基本公式和基本规则进行化简。代数法化简没有固定的步骤,常用的化简方法有以下几种。

(1) 并项法。运用公式 $A + \overline{A} = 1$,将两项合并为一项,消去一个变量。如

$$Y = AB\overline{C} + ABC = AB(\overline{C} + C) = AB$$
$$Y = A(BC + \overline{BC}) + A(B\overline{C} + \overline{B}C) = ABC + A\overline{B}\,\overline{C} + AB\overline{C} + A\overline{B}C$$
$$= AB(C + \overline{C}) + A\overline{B}(C + \overline{C})$$
$$= AB + A\overline{B} = A(B + \overline{B}) = A$$

(2) 吸收法。运用吸收律 $A + AB = A$ 消去多余的与项。如

$$Y = A\overline{B} + A\overline{B}(C + DE) = A\overline{B}$$

（3）消去法。运用吸收律 $A + \overline{A}B = A + B$ 消去多余的因子。如

$$Y = AB + \overline{A}C + \overline{B}C = AB + (\overline{A} + \overline{B})C = AB + \overline{AB}C = AB + C$$

$$Y = \overline{A} + AB + \overline{B}E = \overline{A} + B + \overline{B}E = \overline{A} + B + E$$

（4）配项法。先通过乘以 $A + \overline{A}$ （$=1$）或加上 $A\overline{A}$ （$=0$），增加必要的乘积项，再用以上方法化简。如

$$Y = AB + \overline{A}C + BCD = AB + \overline{A}C + BCD(A + \overline{A}) = AB + \overline{A}C + ABCD + \overline{A}BCD$$

$$= AB + \overline{A}C$$

$$Y = AB\overline{C} + \overline{ABC} \cdot \overline{AB} = AB\overline{C} + \overline{ABC} \cdot \overline{AB} + AB \cdot \overline{AB} = AB(\overline{C} + \overline{AB}) + \overline{ABC} \cdot \overline{AB}$$

$$= AB \cdot \overline{ABC} + \overline{ABC} \cdot \overline{AB} = \overline{ABC}(AB + \overline{AB}) = \overline{ABC}$$

在化简逻辑函数时，要灵活运用上述方法，才能将逻辑函数化为最简。下面再举几个例子。

【例 1-7-1】化简逻辑函数 $Y = A\overline{B} + A\overline{C} + A\overline{D} + ABCD$ 。

**解：** $Y = A(\overline{B} + \overline{C} + \overline{D}) + ABCD = A\overline{BCD} + ABCD = A(\overline{BCD} + BCD) = A$

【例 1-7-2】化简逻辑函数 $Y = AD + A\overline{D} + AB + \overline{A}C + BD + A\overline{B}EF + \overline{B}EF$ 。

**解：** $Y = A + AB + \overline{A}C + BD + A\overline{B}EF + \overline{B}EF$ （利用 $A + \overline{A} = 1$）

$$= A + \overline{A}C + BD + \overline{B}EF \text{ （利用 } A + AB = A\text{）}$$

$$= A + C + BD + \overline{B}EF \text{ （利用 } A + \overline{A}B = A + B\text{）}$$

代数化简法的优点是不受变量数目的限制。缺点是：没有固定的步骤可循；需要熟练运用各种公式和定理；需要一定的技巧和经验；有时很难判定化简结果是否最简。下面我们介绍另一种常用的逻辑函数的化简方法——卡诺图化简法，可以很容易得到最简的逻辑表达式。

### 1.7.3 逻辑函数的卡诺图化简法

1. 卡诺图化简逻辑函数的原理

（1）2 个相邻的最小项结合（用一个包围圈表示），可以消去 1 个取值不同的变量而合并为 1 项，如图 1-12 所示。

（2）4 个相邻的最小项结合（用一个包围圈表示），可以消去 2 个取值不同的变量而合并为 1 项，如图 1-13 所示。

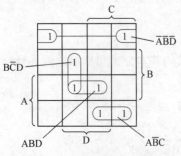

图 1-12 2 个相邻的最小项合并

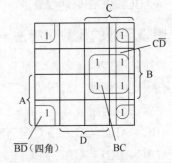

图 1-13 4 个相邻的最小项合并

（3）8 个相邻的最小项结合（用一个包围圈表示），可以消去 3 个取值不同的变量而合并为 1 项，如图 1-14 所示。

总之，$2^n$ 个相邻的最小项结合，可以消去 $n$ 个取值不同的变量而合并为一项。

**2．卡诺图的画圈原则**

用卡诺图化简逻辑函数，就是在卡诺图中找相邻的最小项，即画圈。为了保证将逻辑函数化到最简，画圈时必须遵循以下原则。

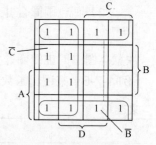

（1）圈要尽可能大，这样消去的变量就多。但每个圈内只能含有 $2^n$（$n=0,1,2,3\cdots\cdots$）个相邻项。要特别注意对边相邻性和四角相邻性。

（2）圈的个数尽量少，这样化简后的逻辑函数的与项就少。

图 1-14　8 个相邻的最小项合并

（3）卡诺图中所有取值为 1 的方格均要被圈过，即不能漏下取值为 1 的最小项。

（4）取值为 1 的方格可以被重复圈在不同的包围圈中，但在新画的包围圈中至少要含有 1 个未被圈过的 1 方格，否则该包围圈是多余的。

**3．用卡诺图化简逻辑函数的步骤**

（1）画出逻辑函数的卡诺图。

（2）合并相邻的最小项，即根据前述原则画圈。

（3）写出化简后的表达式。每一个圈写一个最简与项，规则是：取值为 1 的变量用原变量表示，取值为 0 的变量用反变量表示，将这些变量相与。然后将所有与项进行逻辑加，即得最简与-或表达式。

**【例 1-7-3】** 用卡诺图化简逻辑函数：

$$L(A,B,C,D) = \sum m(0,2,3,4,6,7,10,11,13,14,15)$$

**解：**（1）由表达式画出卡诺图如图 1-15 所示。

（2）画包围圈合并最小项，得简化的与一或表达式：

$$L = C + \overline{A}\,\overline{D} + ABD$$

注意图中的包围圈 $\overline{A}\,\overline{D}$ 是利用了对边相邻性。

**【例 1-7-4】** 用卡诺图化简逻辑函数：$F = AD + A\overline{B}\,\overline{D} + \overline{A}\,\overline{B}\,C\overline{D} + \overline{A}BC\overline{D}$。

**解：** 首先将逻辑函数整理为最小项表达式

$$F = AD(B+\overline{B})(C+\overline{C}) + A\overline{B}\,\overline{D}(C+\overline{C}) + \overline{A}\,\overline{B}\,C\overline{D} + \overline{A}BC\overline{D}$$

$$= ABCD + AB\overline{C}D + A\overline{B}CD + A\overline{B}\,\overline{C}D + A\overline{B}C\overline{D} + A\overline{B}\,\overline{C}\,\overline{D} + \overline{A}\,\overline{B}C\overline{D} + \overline{A}BC\overline{D}$$

$$= \sum m(0,2,8,9,10,11,13,15)$$

（1）由表达式画出卡诺图如图 1-16 所示。

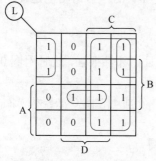

图 1-15　例 1-7-3 卡诺图

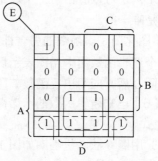

图 1-16　例 1-7-4 卡诺图

（2）画包围圈合并最小项，得简化的与-或表达式：

$$F = AD + \overline{B}\overline{D}$$

注意：图中的虚线圈是多余的，应去掉；图中的包围圈 $\overline{B}\overline{D}$ 是利用了四角相邻性。

【例 1-7-5】某逻辑函数的真值表如表 1-13 所示，用卡诺图化简该逻辑函数。

表 1-13　　　　　　　　　　　　例 1-7-5 真值表

| A | B | C | L |
|---|---|---|---|
| 0 | 0 | 0 | 0 |
| 0 | 0 | 1 | 1 |
| 0 | 1 | 0 | 0 |
| 0 | 1 | 1 | 1 |
| 1 | 0 | 0 | 1 |
| 1 | 0 | 1 | 1 |
| 1 | 1 | 0 | 1 |
| 1 | 1 | 1 | 0 |

解法 1：

（1）由真值表画出卡诺图，如图 1-17 所示。

（2）画包围圈合并最小项，如图 1-17（a）所示，得简化的与-或表达式：

$$L = \overline{B}C + \overline{A}B + A\overline{C}$$

解法 2：

（1）由表达式画出卡诺图，如图 1-17 所示。

（2）画包围圈合并最小项，如图 1-17（b）所示，得简化的与-或表达式：

$$L = A\overline{B} + B\overline{C} + \overline{A}C$$

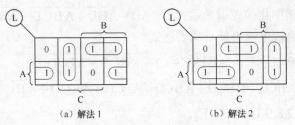

（a）解法 1　　　　　　（b）解法 2

图 1-17　例 1-7-5 卡诺图

通过这个例子可以看出，一个逻辑函数的真值表是唯一的，卡诺图也是唯一的，但化简结果有时不是唯一的。

**4. 卡诺图化简逻辑函数的另一种方法——圈 0 法**

如果一个逻辑函数用卡诺图表示后，里面的 0 很少且相邻性很强，这时用圈 0 法更简便。但要注意，圈 0 后，应写出反函数 $\overline{L}$，再取非，得原函数。

【例 1-7-6】已知逻辑函数的卡诺图如图 1-18 所示，分别用"圈 0 法"和"圈 1 法"写出其最简与-或式。

**解：**（1）用圈 0 法画包围圈如图 1-18（a）所示，得

$$\overline{L} = BC\overline{D}$$

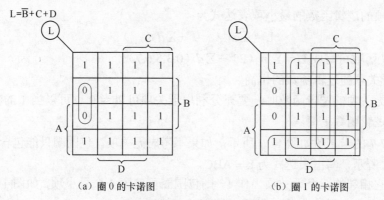

$$L=\bar{B}+C+D$$

（a）圈 0 的卡诺图　　　　　　（b）圈 1 的卡诺图

图 1-18　例 1-7-6 的卡诺图

对 $\bar{L}$ 取非，得：
$$L=\overline{\overline{B}\overline{C}\overline{D}}=\bar{B}+C+D$$

（2）用圈 1 法画包围圈如图 1-18（b）所示，得：
$$L=\bar{B}+C+D$$

### 1.7.4　具有无关项的逻辑函数的化简

1．无关项的概念

【例 1-7-7】在十字路口有红、绿、黄三色交通信号灯，规定红灯亮停，绿灯亮行，黄灯亮等一等，试分析车行与三色信号灯之间逻辑关系。

**解：**设红、绿、黄灯分别用 A、B、C 表示，且灯亮为 1，灯灭为 0。车用 L 表示，车行 L＝1，车停 L＝0。列出该函数的真值表如表 1-14 所示。

表 1-14　　　　　　　　　　　　　真值表

| 红灯 A | 绿灯 B | 黄灯 C | 车 L |
|---|---|---|---|
| 0 | 0 | 0 | × |
| 0 | 0 | 1 | 0 |
| 0 | 1 | 0 | 1 |
| 0 | 1 | 1 | × |
| 1 | 0 | 0 | 0 |
| 1 | 0 | 1 | × |
| 1 | 1 | 0 | × |
| 1 | 1 | 1 | × |

显而易见，在这个函数中，有 5 个最小项是不会出现的，如 $\bar{A}\bar{B}\bar{C}$（三个灯都不亮）、ABC（红灯绿灯同时亮）等。因为一个正常的交通灯系统不可能出现这些情况，如果出现了，车可以行也可以停，即逻辑值任意。

无关项：在有些逻辑函数中，输入变量的某些取值组合不会出现，或者一旦出现，逻辑值可以是任意的。这样的取值组合所对应的最小项称为无关项、任意项或约束项，在卡诺图中用符号×来表示其逻辑值。

带有无关项的逻辑函数的最小项表达式为：

$$L = \sum m (\quad) + \sum d (\quad)$$

如例 1-7-7 函数可写成 $L = \sum m (2) + \sum d (0,3,5,6,7)$

**2. 具有无关项的逻辑函数的化简**

化简具有无关项的逻辑函数时，要充分利用无关项可以当 0 也可以当 1 的特点，尽量扩大卡诺圈，使逻辑函数更简。

画出例 1-7-7 的卡诺图如图 1-19 所示，如果不考虑无关项，包围圈只能包含一个最小项，如图 1-19（a）所示，写出表达式为 $L = \overline{A}B\overline{C}$。

如果把与它相邻的三个无关项当作 1，则包围圈可包含 4 个最小项，如图 1-19（b）所示，写出表达式为 $L = B$，其含义为：只要绿灯亮，车就行。

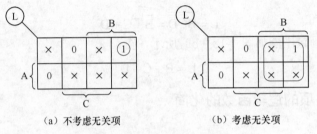

（a）不考虑无关项　　　　（b）考虑无关项

图 1-19　例 1-7-7 的卡诺图

注意，在考虑无关项时，哪些无关项当作 1，哪些无关项当作 0，要以尽量扩大卡诺圈、减少圈的个数，使逻辑函数更简为原则。

**【例 1-7-8】** 某逻辑函数输入是 8421BCD 码（即不可能出现 1010～1111 这 6 种输入组合），其逻辑表达式为

$$L(A,B,C,D) = \sum m(1,4,5,6,7,9) + \sum d(10,11,12,13,14,15)$$

用卡诺图法化简该逻辑函数。

**解：**（1）画出四变量卡诺图，如图 1-20（a）所示。将 1、4、5、6、7、9 号小方格填入 1；将 10、11、12、13、14、15 号小方格填入×。

（2）合并最小项。与 1 方格圈在一起的无关项被当作 1，没有圈的无关项被当做 0。注意，1 方格不能漏。×方格根据需要，可以圈入，也可以放弃。

（3）写出逻辑函数的最简与-或表达式：$L = B + \overline{C}D$。

如果不考虑无关项，如图 1-20（b）所示，写出表达式为 $L = \overline{A}B + \overline{B}C\overline{D}$，可见不是最简。

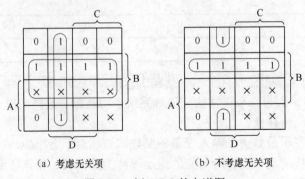

（a）考虑无关项　　　　（b）不考虑无关项

图 1-20　例 1-7-8 的卡诺图

## 本章小结

- 数字信号在时间上和数值上均是离散的。对数字信号进行传送、加工和处理的电路称为数字电路。由于数字电路是以二值数字逻辑为基础的，即利用数字 1 和 0 来表示信号，因此数字信号的存储、分析和传输要比模拟信号容易。

- 数字电路中用高电平和低电平分别来表示逻辑 1 和逻辑 0，它和二进制数中的 0 和 1 正好对应。因此，数字系统中常用二进制数来表示数据。在二进制位数较多时，常用十六进制或八进制作为二进制的简写。各种计数体制之间可以相互转换。

- 常用 BCD 码有 8421 码、2421 码、5421 码、余 3 码等，其中 8421 码使用最广泛。另外，格雷码（Gray）由于可靠性高，也是一种常用码。

- 在数字电路中，半导体二极管、三极管一般都工作在开关状态，即导通（饱和）和截止两个对立的状态，用逻辑 1 和逻辑 0 来表示。影响它们开关特性的主要因素是管子内部电荷存储和消散的时间。

- 逻辑运算中的 3 种基本运算是与、或、非运算。分析数字电路或数字系统的数学工具是逻辑代数。

- 描述逻辑关系的函数称为逻辑函数，逻辑函数是从生活和生产实践中抽象出来的，只有那些能明确地用"是"或"否"作出回答的事物，才能定义为逻辑函数。逻辑函数中的变量和函数值都只能取 0 或 1 两个值。

- 常用的逻辑函数表示方法有真值表、逻辑表达式、逻辑图等，它们之间可以任意地相互转换。

- 逻辑函数的化简是分析、设计数字电路的重要环节。实现同样的功能，电路越简单，成本越低且工作更可靠。公式法化简具有运算、演变直接等优点，但它需要对基本公式有一定灵活应用的能力，并难以判断化简结果的准确性；卡诺图化简法直观方便，便于得到最简结果，但不适于对大于四变量的逻辑函数的化简。

## 习 题 1

1．将下列各式写成按权展开的形式。

$(486.5)_{10}$          $(11001011)_2$          $(5AC)_{16}$          $(32.75)_8$

2．完成下列数制的转换。

（1）$(11010011)_2 = ($     $)_{10}$          （2）$(0.1101)_2 = ($     $)_{10}$

（3）$(56)_{10} = ($     $)_2$          （4）$(10101110)_2 = ($     $)_8$

（5）$(3A)_{16} = ($     $)_2$          （6）$(258)_{10} = ($     $)_{8421BCD}$

（7）$(10011011010)_2 = ($     $)_{8421BCD}$

3．列出下列各逻辑函数的真值表并画出逻辑图。

（1）$Y = A + \overline{AB}$          （2）$Y = A\overline{B} + BC$

4. 根据题表 1-1 写出逻辑函数 $Y_1$、$Y_2$ 的逻辑表达式。

题表 1-1

| A | B | C | $Y_1$ | $Y_2$ |
|---|---|---|---|---|
| 0 | 0 | 0 | 1 | 1 |
| 0 | 0 | 1 | 0 | 0 |
| 0 | 1 | 0 | 0 | 0 |
| 0 | 1 | 1 | 1 | 0 |
| 1 | 0 | 0 | 0 | 0 |
| 1 | 0 | 1 | 0 | 0 |
| 1 | 1 | 0 | 1 | 0 |
| 1 | 1 | 1 | 0 | 1 |

5. 写出下列逻辑电路的逻辑表达式。

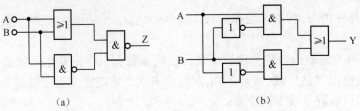

（a）　　　　　　　　　　　（b）

题图 1-1

6. 用逻辑代数公式证明下列等式：

（1） $ABC + A\overline{B}C + AB\overline{C} = AB + AC$

（2） $A\overline{B} + A\overline{C} + A\overline{D} + ABCD = A$

7. 用代数化简法将下列函数化简为最简与或式。

（1） $Y = \overline{A}B + B\overline{C} + AC$

（2） $Y = \overline{C}\overline{D} + CD + \overline{C}D + C\overline{D}$

（3） $Y = AB\overline{C} + AB + \overline{B}C + AC$

（4） $Y = A + \overline{\overline{B} + \overline{CD}} + \overline{\overline{AD\overline{B}}}$

（5） $Y = \overline{B} + AB + A\overline{B}CD = \overline{B} + A + A\overline{B}CD = \overline{B} + A(1 + \overline{B}CD) = \overline{B} + A$

（6） $Y = (A + B)(A + B + C)(\overline{A} + C)(B + C + D)$

8. 写出下列各逻辑函数的对偶式 $Y'$ 和反函数 $\overline{Y}$。

（1） $Y = \overline{A}(B + C)$　　　　　　（2） $Y = AC + \overline{\overline{B} + C}$

9. 下列函数式化为最小项表达式：

（1） $Y = \overline{A}B + \overline{B}C + A\overline{C}$

（2） $Y = \overline{\overline{AB} \cdot \overline{BC}}$

（3） $Y = AB + \overline{\overline{BC}(\overline{C} + \overline{D})}$

（4） $Y = \overline{A}BCD + A\overline{B}C + \overline{C}D$

10. 利用与非门实现下列函数。

（1） $Y = BC + AC$

（2） $Y = \overline{(A + B)(C + D)}$

11. 用卡诺图法化简下列函数为最简与或式。

（1） $Y = B\overline{C}D + ABCD + \overline{B}CD$

（2） $Y = AB + ABC + \overline{A}B + A\overline{B}C$

（3） $Y = A\overline{B}\,\overline{C} + \overline{A}\,\overline{B}C + A\overline{B}C + \overline{A}BC + ABC + AB\overline{C}$

（4） $Y = \overline{A}\,\overline{C}D + \overline{A}B\overline{C} + \overline{A}\,\overline{B} + A\overline{B}C + A\overline{B}\,\overline{C}$

（5） $f(A,B,C) = \Sigma(0,2,3,7)$

（6） $f(A,B,C,D) = \Sigma(0,1,2,5,6,7,8,10,11,12,13,15)$

# 第2章 集成逻辑门电路

**本章导读** 逻辑门电路是组成数字电路的基本单元电路。早期的门电路是由分立元件组成的，它的体积大、焊点多、可靠性差。到了 20 世纪 60 年代，随着半导体技术的发展，出现了集成逻辑门电路，它具有体积小、功耗小、成本低、可靠性高等一系列优点，目前一般使用集成逻辑门电路（Integrated Circuit）。逻辑门电路分为由双极型晶体管组成的 TTL（Transistor-Transistor Logic）电路和由单极型晶体管组成的 CMOS（Complementary Metal Oxide Semiconductor）电路。逻辑门电路中的半导体器件一般工作在开关状态。本章首先简单介绍半导体器件的开关特性，然后在简述分立元件门电路工作原理的基础上，重点介绍 TTL 集成门电路的电路结构、工作原理、逻辑功能和特点。

**本章要求** 了解半导体器件的开关特性；掌握与、或、非 3 个基本门电路的工作原理和逻辑功能；掌握集电极开路门、三态门电路的电路结构、工作原理、逻辑功能和特点。

## 2.1 半导体器件的开关特性

数字电路是一种开关电路。在脉冲信号的作用下，无论是双极型的晶体二级管、三极管还是单极型 MOS 管都处于导通或者截止两种状态，相当于电路的开关作用。因此，我们先来简单了解半导体器件的开关特性。

### 2.1.1 二极管的开关特性

由模拟电路所学可知，二极管只有正向导通和反向截止两种状态，它的开关特性就表现在两种状态之间的转换。若输入脉冲信号 $u_i$ 如图 2-1（a）所示，则流过二极管的电流 $i$ 的波形如图 2-1（b）所示，可见电流 $i$ 的变化滞后于输入电压 $u_i$ 的变化。

由于二极管由 PN 结组成，所以当外加输入信号突变时，空间电荷区的电荷有一个积累和释放的过程，如同电容器的充、放电一样，因此二极管由导通到截止及由截止到导通的过程都需要一定的时间。二极管所表现出的电容效应称为结电容效应。

二极管由截止到导通所需的时间称为开通时间。当外加电压由负向跳变为正向电压时，空间电荷区变薄，多子的扩散加强，少子的漂移减弱，PN 结的势垒区变窄，结电阻变小，形成较大的正向电流。由于 PN 结内部要建立起足够的电荷梯度才开始形成正向扩散电流，因而正向导通电流的建立要稍滞后于输入电压正跳变的瞬时。动态情况下，这段时间很短，通常可以忽略不计。

当外加电压由正向跳变为反向时，由于 PN 结内尚存在一定数量的存储电荷，所以有较大的瞬态反向电流，用 $I_R$ 表示：随着存储电荷的释放，反向电流逐渐减小并趋近于零，最后稳定在一个微小的数值，用 $I_S$ 表示，称为反向饱和电流。我们把反向电流从它的峰值衰减到它 1/10 值所经过的时间用 $t_{re}$ 表示，称为反向恢复时间，即二极管由导通到截止所需的时间。如图 2-2 所示，$t_{re} = t_s + t_t$，其中 $t_s$ 为存储时间，$t_t$ 称为渡越时间。反向恢复时间对二极管的开关特性有很大的影响，它的长短与正向电流、反向电压和外电路电阻值等有关。

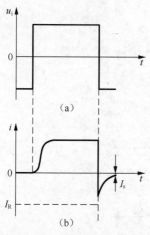

图 2-1　二极管的开关特性

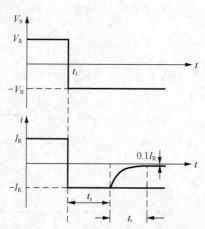

图 2-2　二极管的反向恢复时间

通过以上分析我们可以知道：二极管由导通到截止及由截止到导通的过程都需要一定的时间，实质就是电荷的存储效应引起的。其中反向恢复时间对二极管的开关特性的影响较大。

### 2.1.2　三极管的开关特性

由模拟电路可知，三极管可以工作在截止、饱和和放大 3 个不同的区域。在数字电路中，三极管主要工作在截止区和饱和区。三极管的开关条件和特点如表 2-1 所示。

表 2-1　　　　　　　　　　　　　三极管的开关条件及特点

| 工 作 状 态 | NPN 型 | PNP 型 | 特　　　点 |
|---|---|---|---|
| 截止状态 | 发射结、集电结均反偏<br>$V_B < V_E$、$V_B < V_C$ | 发射结、集电结均反偏<br>$V_B > V_E$、$V_B > V_C$ | $I_C \approx 0$　CE 间等效电阻很大，相当于开关断开 |
| 放大状态 | 发射结正偏、集电结反偏<br>$V_C > V_B > V_E$ | 发射结正偏、集电结反偏<br>$V_C < V_B < V_E$ | $I_C \approx \beta I_B$ |
| 饱和状态 | 发射结、集电结均正偏<br>$V_B > V_E$、$V_B > V_C$ | 发射结、集电结均正偏<br>$V_B < V_E$、$V_B < V_C$ | $V_{CE} = V_{CES}$，CE 间等效电阻很小，相当于开关闭合 |

三极管在截止和饱和导通状态间频繁转换，由于三极管内部电荷的建立和消散需要一定的时间，所以，集电极电流 $i_c$ 的变化滞后于输入电压的变化，如图 2-3（a）和图 2-3（b）所示，输出电压 $u_o$ 也相应滞后，如图 2-3（c）所示。

我们把正跳变时 $i_c$ 从 $0.1I_{cs}$ 上升到 $0.9I_{cs}$ 所需的时间称为开通时间，用 $t_{on}$ 表示。开通时间就是建立基区电荷的时间；把负跳变时，$i_c$ 从 $0.9I_{cs}$ 下降到 $0.1I_{cs}$ 所需的时间称为关闭时间，用 $t_{off}$ 表示。关闭时间就是存储电荷消散的时间。一般来说，关闭时间大于开通时间。开通时间和关闭时间总称为三极管的开关时间。

减少三级管的开关时间是提高三极管开关速度的关键，主要可以从以下方面改进：一是改进管子的内部结构，减小基区宽度，减小集电结和发射结的面积；二是改进外部电路，适当选择正向基极电流、反向基极电流和临界饱和电流。

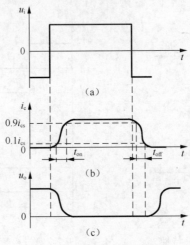

图 2-3　三极管的开关特性

### 2.1.3　MOS 管的开关特性

与三极管相似，MOS 管也有 3 个工作区（截止区、饱和区、可变电阻区）。在数字电路中，主要工作在截止区和可变电阻区，相当于开关的断开和闭合。

由于 MOS 管是单极型半导体器件，它只有一种载流子参与导电，其沟道的形成和消失所需的时间很短，在分析电荷时可忽略不计。但在输入交变信号且频率变化较快时，MOS 的极间电容的充、放电是需要一定时间的，它将使 MOS 管门电路的开关速度变慢。

## 2.2　基本逻辑门电路

基本逻辑运算有与、或、非运算，而完成这 3 种基本运算的门电路，称为基本逻辑门电路。本节主要介绍由二极管、三极管组成的基本逻辑门电路及其符号。

### 2.2.1　二极管门电路

1. 二极管与门

在电子电路中，输入量与输出量之间满足与逻辑关系的电路，称为与门。

用半导体二极管实现的与门电路如图 2-4 所示。

下面我们来分析该电路的逻辑关系。

（1）$V_A = V_B = 0V$。此时二极管 $VD_1$ 和 $VD_2$ 都导通，由于二极管正向导通时的钳位作用，$V_L \approx 0V$。

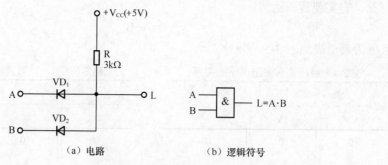

（a）电路　　　　　　　　　（b）逻辑符号

图 2-4　二极管与门

（2）$V_A=0V$，$V_B=5V$。此时二极管 $VD_1$ 导通，由于钳位作用，$V_L\approx0V$，$VD_2$ 受反向电压而截止。

（3）$V_A=5V$，$V_B=0V$。此时 $VD_2$ 导通，$V_L\approx0V$，$VD_1$ 受反向电压而截止。

（4）$V_A=V_B=5V$。此时二极管 $VD_1$ 和 $VD_2$ 都截止，$V_L=V_{CC}=5V$。

把上述分析结果归纳起来列入表 2-2 中，如果采用正逻辑体制，很容易看出它实现逻辑运算：

$$L = A \cdot B$$

表 2-3 为与逻辑真值表。

增加一个输入端和一个二极管，就可变成三输入端与门。按此办法可构成更多输入端的与门。

| 表 2-2　与门输入输出电压的关系 | | | 表 2-3　　　　与逻辑真值表 | | |
|---|---|---|---|---|---|
| 输　　入 | | 输　　出 | 输　　入 | | 输　　出 |
| $V_A$（V） | $V_B$（V） | $V_L$（V） | A | B | L |
| 0 | 0 | 0 | 0 | 0 | 0 |
| 0 | 5 | 0 | 0 | 1 | 0 |
| 5 | 0 | 0 | 1 | 0 | 0 |
| 5 | 5 | 5 | 1 | 1 | 1 |

### 2．二极管或门

在电子电路中，输入量与输出量之间满足或逻辑关系的门电路，称为或门。

用半导体二极管实现的或门电路如图 2-5 所示。

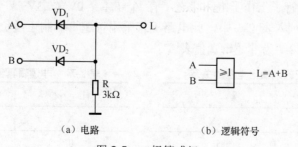

（a）电路　　　　　　　　　（b）逻辑符号

图 2-5　二极管或门

该电路逻辑关系的分析和与门类似，这里不再赘述，或门输入输出电压关系如表 2-4 所示。

可见，它实现逻辑运算：

$$L=A+B$$

或逻辑真值表如表 2-5 所示

<table>
<tr><td colspan="3">表 2-4    或门输入输出电压的关系</td><td colspan="3">表 2-5    或逻辑真值表</td></tr>
<tr><td colspan="2">输　　入</td><td>输　　出</td><td colspan="2">输　　入</td><td>输　　出</td></tr>
<tr><td>$V_A$（V）</td><td>$V_B$（V）</td><td>$V_L$（V）</td><td>A</td><td>B</td><td>L</td></tr>
<tr><td>0</td><td>0</td><td>0</td><td>0</td><td>0</td><td>0</td></tr>
<tr><td>0</td><td>5</td><td>5</td><td>0</td><td>1</td><td>1</td></tr>
<tr><td>5</td><td>0</td><td>5</td><td>1</td><td>0</td><td>1</td></tr>
<tr><td>5</td><td>5</td><td>5</td><td>1</td><td>1</td><td>1</td></tr>
</table>

同样，可用增加输入端和二极管的方法，构成更多输入端的或门。

### 2.2.2　三极管非门

在电子电路中，输入量与输出量之间满足非逻辑关系的门电路，称为非门。

图 2-6（a）是由三极管组成的非门电路，非门又称反相器。三极管的开关特性已在前面分析过，这里重点分析它的逻辑关系。仍设输入信号为+5V 或 0V。此电路只有以下两种工作情况。

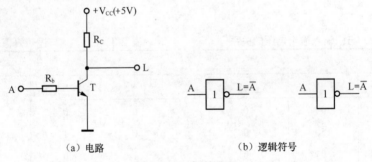

（a）电路　　　　　　　　　　　（b）逻辑符号

图 2-6　三极管非门

（1）$V_A$=0V。此时三极管的发射结电压小于死区电压，满足截止条件，所以管子截止，$V_L=V_{CC}$=5V。

（2）$V_A$=5V。此时三极管的发射结正偏，管子导通，只要合理选择电路参数，使其满足饱和条件 $I_B > I_{BS}$，则管子工作于饱和状态，有 $V_L=V_{CES} \approx$ 0V（0.3V）。

把上述分析结果列入表 2-6 中，此电路不管采用正逻辑体制还是负逻辑体制，都满足非运算的逻辑关系。表 2-7 为非逻辑真值表。

<table>
<tr><td colspan="2">表 2-6    非门输入输出电压的关系</td><td colspan="2">表 2-7    非逻辑真值表</td></tr>
<tr><td>输　　入</td><td>输　　出</td><td>输　　入</td><td>输　　出</td></tr>
<tr><td>$V_A$（V）</td><td>$V_L$（V）</td><td>A</td><td>L</td></tr>
<tr><td>0</td><td>5</td><td>0</td><td>1</td></tr>
<tr><td>5</td><td>0</td><td>1</td><td>0</td></tr>
</table>

### 2.2.3　复合逻辑门电路

由与、或、非 3 种基本门电路可以组成比较复杂的复合逻辑门电路。

前面介绍的二极管与门和或门电路虽然结构简单，逻辑关系明确，但却不实用。例如在图 2-7 所给出的两级二极管与门电路中，会出现低电平偏离标准数值的情况。

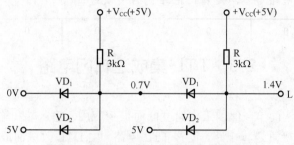

图 2-7　两级二极管与门串接使用的情况

为此，常将二极管与门和或门与三极管非门组合起来组成与非门和或非门电路，以消除在串接时产生的电平偏离，并提高带负载能力。

图 2-8 所示就是由三输入端的二极管与门和三极管非门组合而成的与非门电路。其中，作了两处必要的修正。

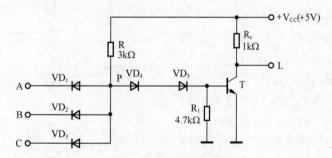

图 2-8　DTL 与非门电路

（1）将电阻 $R_b$ 换成两个二极管 $VD_4$、$VD_5$，作用是提高输入低电平的抗干扰能力，即当输入低电平有波动时，保证三极管可靠截止，以输出高电平。

（2）增加了 $R_1$，目的是当三极管从饱和向截止转换时，给基区存储电荷提供一个泻放回路。

该电路的逻辑关系为：

（1）当三输入端都接高电平时（即 $V_A = V_B = V_C = 5V$），二极管 $VD_1 \sim VD_3$ 都截止，而 $VD_4$、$VD_5$ 和 VT 导通。可以验证，此时三极管饱和，$V_L = V_{CES} \approx 0.3V$，即输出低电平。

（2）在三输入端中只要有一个为低电平 0.3V 时，则阴极接低电平的二极管导通，由于二极管正向导通时的钳位作用，$V_P \approx 1V$，从而使 $VD_4$、$VD_5$ 和 VT 都截止，$V_L = V_{CC} = 5V$，即输出高电平。

可见该电路满足与非逻辑关系，即

$$L = \overline{A \cdot B \cdot C}$$

把一个电路中的所有元件，包括二极管、三极管、电阻及导线等都制作在一片半导体芯片上，封装在一个管壳内，就是集成电路。图 2-8 就是早期的简单集成与非门电路，称为二极管-三极管逻辑门电路，简称 DTL 电路。同理可以分析其他类型的 DTL 门电路。

> **思考题：** 1. 简述三个基本门电路的工作原理。
> 2. DTL 门电路与基本逻辑门电路比有何改进？

## 2.3　TTL 集成逻辑门电路

DTL 电路虽然结构简单，但因工作速度低而很少应用。输入端和输出端都用三极管的逻辑电路称为三极管-三极管逻辑电路，简称 TTL 电路。由 DTL 改进而成的 TTL 电路，问世几十年来，经过电路结构的不断改进和集成工艺的逐步完善，至今仍广泛应用。

### 2.3.1　TTL 与非门

1. TTL 与非门的基本结构及工作原理

（1）TTL 与非门的基本结构（如图 2-9 所示）

我们以 DTL 与非门电路为基础，根据提高电路功能的需要，从以下几个方面加以改进，从而引出 TTL 与非门的电路结构。

第一，考虑输入级。DTL 是用二极管与门作输入级，速度较低。仔细分析我们发现电路中的 $VD_1$、$VD_2$、$VD_3$、$VD_4$ 的 P 区是相连的。我们可用集成工艺将它们做成一个多发射极三极管。这样它既是 4 个 PN 结，不改变原来的逻辑关系，又具有三极管的特性。一旦满足了放大的外部条件，

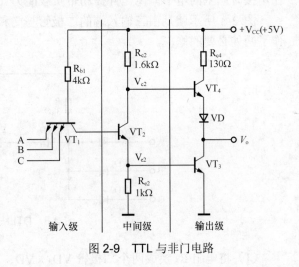

图 2-9　TTL 与非门电路

它就具有放大作用，为迅速消散 $T_2$ 饱和时的超量存储电荷提供足够大的反向基极电流，从而大大提高了关闭速度。详细情况后面再讲。图 2-10 所示为 TTL 与非门输入级的由来。

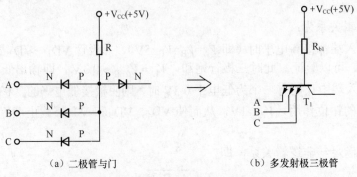

（a）二极管与门　　　　　　（b）多发射极三极管

图 2-10　TTL 与非门输入级的由来

第二，为提高输出管的开通速度，可将二极管 $VD_5$ 改换成三极管 $VT_2$，逻辑关系不变。同时在电路的开通过程中利用 $VT_2$ 的放大作用，为输出管 $T_3$ 提供较大的基极电流，加速了输出管的导通。另外 $T_2$ 和电阻 $R_{C2}$、$R_{E2}$ 组成的放大器有两个反相的输出端 $V_{C2}$ 和 $V_{E2}$，以产生两个互补的信号去驱动 $VT_3$、$VT_4$ 组成的推拉式输出级。

第三，再分析输出级。输出级应有较强的负载能力，为此将三极管的集电极负载电阻 $R_C$ 换成由三极管 $VT_4$、二极管 $VD$ 和 $R_{C4}$ 组成的有源负载。由于 $T_3$ 和 $T_4$ 受两个互补信号 $V_{e2}$ 和 $V_{c2}$ 的驱动，所以在稳态时，它们总是一个导通，另一个截止。这种结构，称为**推拉式输出级**。

（2）TTL 与非门的逻辑关系

因为该电路的输出高低电平分别为 3.6V 和 0.3V，所以在下面的分析中假设输入高低电平也分别为 3.6V 和 0.3V。

① 输入全为高电平 3.6V 时（见图 2-11）。

$VT_2$、$VT_3$ 导通，$V_{B1}= 0.7×3 = 2.1$（V），从而使 $VT_1$ 的发射结因反偏而截止。此时 $VT_1$ 的发射结反偏，而集电结正偏，称为**倒置放大工作状态**。

由于 $VT_3$ 饱和导通，输出电压为：$V_o=V_{CES3}≈0.3V$。

这时 $V_{E2}=V_{B3}=0.7V$，而 $V_{CE2}=0.3V$，故有 $V_{C2}=V_{E2}+ V_{CE2}=1V$。1V 的电压作用于 $VT_4$ 的基极，使 $VT_4$ 和二极管 $VD$ 都截止。

可见实现了与非门的逻辑功能之一：**输入全为高电平时，输出为低电平**。

② 输入有低电平 0.3V 时（见图 2-12）。

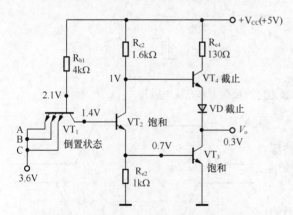

图 2-11　输入全为高电平时的工作情况

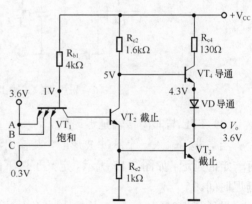

图 2-12　输入有低电平时的工作情况

该发射结导通，$VT_1$ 的基极电位被钳位到 $V_{B1}=1V$。$VT_2$、$VT_3$ 都截止。由于 $VT_2$ 截止，流过 $R_{C2}$ 的电流仅为 $VT_4$ 的基极电流，这个电流较小，在 $R_{C2}$ 上产生的压降也较小，可以忽略，所以 $V_{B4}≈V_{CC}=5V$，使 $VT_4$ 和 VD 导通，则有：

$$V_o≈V_{CC}-V_{BE4}-V_D=5-0.7-0.7=3.6（V）$$

可见实现了与非门的逻辑功能的另一方面：**输入有低电平时，输出为高电平**。

综合上述两种情况，该电路满足与非的逻辑功能，是一个与非门。

2．TTL 与非门的开关速度

（1）TTL 与非门提高工作速度的原理

① 采用多发射极三极管加快了存储电荷的消散过程。设电路原来输出低电平，当电路的

某一输入端突然由高电平变为低电平，$VT_1$ 的一个发射结导通，$V_{B1}$ 变为 1V。由于 $VT_2$、$VT_3$ 原来是饱和的，基区中的超量存贮电荷还来不及消散，$V_{B2}$ 仍维持 1.4V。在这个瞬间，$VT_1$ 为发射结正偏，集电结反偏，工作于放大状态，其基极电流 $i_{B1}=(V_{CC}-V_{B1})/R_{b1}$，集电极电流 $i_{C1}=\beta_1 i_{B1}$。这个 $i_{C1}$ 正好是 $VT_2$ 的反向基极电流 $i_{B2}$，可将 $VT_2$ 的存储电荷迅速地拉走，促使 $VT_2$ 管迅速截止。$VT_2$ 管迅速截止又使 $VT_4$ 管迅速导通，而使 $VT_3$ 管的集电极电流加大，使 $VT_3$ 的超量存储电荷从集电极消散而达到截止（见图 2-13）。

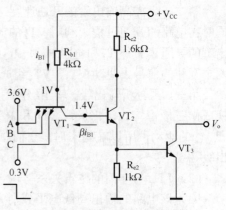

图 2-13　多发射极三极管消散
$T_2$ 存储电荷的过程

② 采用了推拉式输出级，输出阻抗比较小，可迅速给负载电容充放电（见图 2-14）。

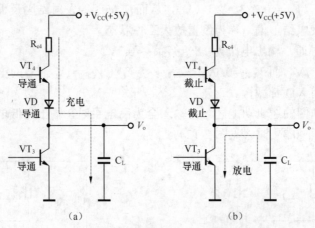

（a）　　　　　　　　　　（b）

图 2-14　采用推拉式输出级迅速给负载电容充放电过程

（2）TTL 与非门传输延迟时间 $t_{pd}$

当与非门输入一个脉冲波形时，其输出波形有一定的延迟，如图 2-15 所示。定义了以下两个延迟时间。

导通延迟时间 $t_{PHL}$——从输入波形上升沿的中点到输出波形下降沿的中点所经历的时间。

截止延迟时间 $t_{PLH}$——从输入波形下降沿的中点到输出波形上升沿的中点所经历的时间。

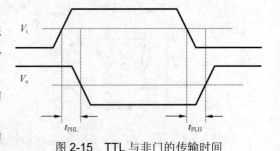

图 2-15　TTL 与非门的传输时间

与非门的传输延迟时间 $t_{pd}$ 是 $t_{PHL}$ 和 $t_{PLH}$ 的平均值。即

$$t_{pd}=\frac{t_{PLH}+t_{PHL}}{2}$$

一般 TTL 与非门传输延迟时间 $t_{pd}$ 的值为几纳秒～十几纳秒。

3. TTL 与非门的电压传输特性及抗干扰能力

（1）电压传输特性曲线（如图 2-16 所示）

与非门的电压传输特性曲线是指与非门的输出电压与输入电压之间的对应关系曲线，即

$V_o=f(V_i)$，它反映了电路的静态特性为如图 2-16 所示为与非门的电压传输特性测试电路，图 2-17 所示为 TTL 与非门的电压传输特性曲线。

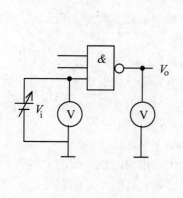

图 2-16　传输特性的测试方法

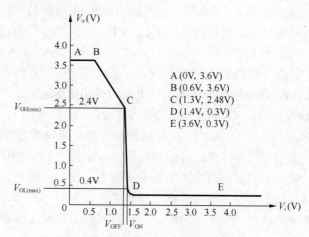

图 2-17　TTL 与非门的电压传输特性

A (0V, 3.6V)
B (0.6V, 3.6V)
C (1.3V, 2.48V)
D (1.4V, 0.3V)
E (3.6V, 0.3V)

① AB 段（截止区）。

② BC 段（线性区）。

③ CD 段（过渡区）。

④ DE 段（饱和区）。

（2）几个重要参数

从 TTL 与非门的电压传输特性曲线上，我们可以定义几个重要的电路指标。

① 输出高电平电压 $V_{OH}$——$V_{OH}$ 的理论值为 3.6V，产品规定输出高电压的最小值 $V_{OH(min)}$=2.4V，即大于 2.4V 的输出电压就可称为输出高电压 $V_{OH}$。

② 输出低电平电压 $V_{OL}$——$V_{OL}$ 的理论值为 0.3V，产品规定输出低电压的最大值 $V_{OL(max)}$=0.4V，即小于 0.4V 的输出电压就可称为输出低电压 $V_{OL}$。

由上述规定可以看出，TTL 门电路的输出高低电压都不是一个值，而是一个范围。

③ 关门电平电压 $V_{OFF}$——输出电压下降到 $V_{OH(min)}$ 时对应的输入电压。显然只要 $V_i<V_{OFF}$，$V_o$ 就是高电压，所以 $V_{OFF}$ 就是输入低电压的最大值，在产品手册中常称为输入低电平电压，用 $V_{IL(max)}$ 表示。从电压传输特性曲线上看 $V_{IL(max)}$（$V_{OFF}$）≈1.3V，产品规定 $V_{IL(max)}$=0.8V。

④ 开门电平电压 $V_{ON}$——输出电压下降到 $V_{OL(max)}$ 时对应的输入电压。显然只要 $V_i>V_{ON}$，$V_o$ 就是低电压，所以 $V_{ON}$ 就是输入高电压的最小值，在产品手册中常称为**输入高电平电压**，用 $V_{IH(min)}$ 表示。从电压传输特性曲线上看 $V_{IH(min)}$（$V_{ON}$）略大于 1.3V，产品规定 $V_{IH(min)}$=2V。

⑤ 阈值电压 $V_{th}$——决定电路截止和导通的分界线，也是决定输出高、低电压的分界线。从电压传输特性曲线上看，$V_{th}$ 的值界于 $V_{OFF}$ 与 $V_{ON}$ 之间，而 $V_{OFF}$ 与 $V_{ON}$ 的实际值又差别不大，所以，近似为 $V_{th}≈V_{OFF}≈V_{ON}$。$V_{th}$ 是一个很重要的参数，在近似分析和估算时，常把它作为决定与非门工作状态的关键值，即 $V_i<V_{th}$，与非门开门，输出低电平；$V_i>V_{th}$，与非门关门，输出高电平。$V_{th}$ 又常被形象化地称为门槛电压。$V_{th}$ 的值为 1.3V～1.4V。

（3）抗干扰能力

TTL 门电路的输出高低电平不是一个值，而是一个范围（见图 2-18）。同样，它的输入高低电平也有一个范围，即它的输入信号允许一定的容差，称为**噪声容限**。

在图 2-18 中若前一个门 $G_1$ 输出为低电压，则后一个门 $G_2$ 输入也为低电压。如果由于某种干扰，使 $G_2$ 的输入低电压高于了输出低电压的最大值 $V_{OL(max)}$，从电压传输特性曲线上看，只要这个值不大于 $V_{OFF}$，$G_2$ 的输出电压仍大于 $V_{OH(min)}$，即逻辑关系仍是正确的。因此在输入低电压时，把关门电压 $V_{OFF}$ 与 $V_{OL(max)}$ 之差称为**低电平噪声容限**，用 $V_{NL}$ 来表示，即

低电平噪声容限　$V_{NL} = V_{OFF} - V_{OL(max)} = 0.8V - 0.4V = 0.4V$

若前一个门 $G_1$ 输出为高电压，则后一个门 $G_2$ 输入也为高电压。如果由于某种干扰，使 $G_2$ 的输入低电压低于了输出高电压的最小值 $V_{OH(min)}$，从电压传输特性曲线上看，只要这个值不小于 $V_{ON}$，$G_2$ 的输出电压仍小于 $V_{OL(max)}$，逻辑关系仍是正确的。因此在输入高电压时，把 $V_{OH(min)}$ 与开门电压 $V_{ON}$ 与之差称为**高电平噪声容限**，用 $V_{NH}$ 来表示，即

高电平噪声容限　$V_{NH} = V_{OH(min)} - V_{ON} = 2.4V - 2.0V = 0.4V$

噪声容限表示门电路的抗干扰能力。显然，噪声容限越大，电路的抗干扰能力越强。通过这一段的讨论，也可看出二值数字逻辑中的"0"和"1"都是允许有一定的容差的，这也是数字电路的一个突出的特点。噪声容限图解见图 2-19。

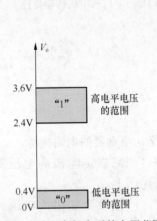 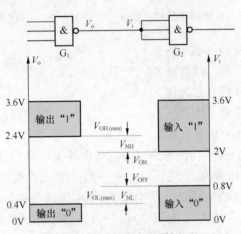

图 2-18　输出高低电平的电压范围　　　　图 2-19　噪声容限图解

**4. TTL 与非门的带负载能力**

在数字系统中，门电路的输出端一般都要与其他门电路的输入端相连，称为带负载，如图 2-20 所示。一个门电路最多允许带几个同类的负载门？就是这里要讨论的问题。

（1）输入低电平电流 $I_{IL}$ 与输入高电平电流 $I_{IH}$

$I_{IL}$、$I_{IH}$ 是两个与带负载能力有关的电路参数。

① 输入低电平电流 $I_{IL}$ 是指当门电路的输入端接低电平时，从门电路输入端流出的电流。可以算出 $I_{IL} = \dfrac{V_{CC} - V_{B1}}{R_{b1}} = \dfrac{5-1}{4} = 1(mA)$，产品规定 $I_{IL} < 1.6mA$，如图 2-21 所示。

② 输入高电平电流 $I_{IH}$ 是指当门电路的输入端接高电平时，流入输入端的电流。有两种情况，如图 2-22 所示。

a. 寄生三极管效应。当与非门一个输入端（如 A 端）接高电平，其他输入端接低电平，这时 $I_{IH} = \beta_P I_{B1}$，$\beta_P$ 为寄生三极管的电流放大系数。

b. 倒置工作状态。当与非门的输入端全接高电平，这时，$VT_1$ 的发射结反偏，集电结正偏，工作于倒置的放大状态。这时 $I_{IH} = \beta_i I_{B1}$，$\beta_i$ 为倒置放大的电流放大系数。

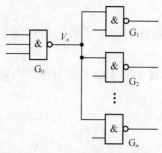

图 2-20　门电路带负载的情况

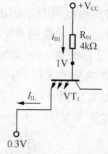

图 2-21　输入低电平电流 $I_{\text{IL}}$

由于 $\beta_{\text{p}}$ 和 $\beta_{\text{i}}$ 的值都远小于 1，所以 $I_{\text{IH}}$ 的数值比较小，产品规定 $I_{\text{IH}} < 40\text{uA}$。

（2）带负载能力

① 灌电流负载。当驱动门输出低电平时，驱动门的 $VT_4$、VD 截止，$VT_3$ 导通。这时有电流从负载门的输入端灌入驱动门的 $T_3$ 管，"灌电流"由此得名。灌电流的来源是负载门的输入低电平电流 $I_{\text{IL}}$，如图 2-23 所示。很显然，负载门的个数增加，灌电流增大，即驱动门的 $T_3$ 管集电极电流 $I_{\text{C3}}$ 增加。当 $I_{\text{C3}} > \beta I_{\text{B3}}$ 时，$T_3$ 脱离饱和，输出低电平升高。前面提到过输出低电平不得高于 $V_{\text{OL（max）}} = 0.4\text{V}$。因此，把输出低电平时允许灌入输出端的电流定义为**输出低电平电流** $I_{\text{OL}}$，这是门电路的一个参数，产品规定 $I_{\text{OL}} = 16\text{mA}$。由此可得出，输出低电平时所能驱动同类门的个数为：

$$N_{\text{OL}} = \frac{I_{\text{OL}}}{I_{\text{IL}}}$$

$N_{\text{OL}}$ 称为**输出低电平时的扇出系数**。

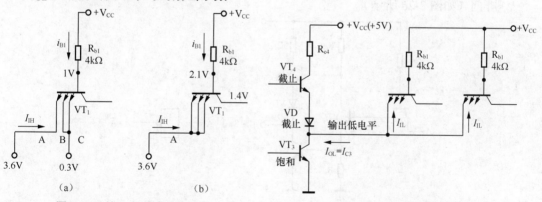

图 2-22　输入高电平电流 $I_{\text{IH}}$　　　　图 2-23　带灌电流负载

② 拉电流负载。当驱动门输出高电平时，驱动门的 $VT_4$、VD 导通，$VT_3$ 截止。这时有电流从驱动门的 $VT_4$、VD 拉出而流至负载门的输入端，"拉电流"由此得名。由于拉电流是驱动门 $VT_4$ 的发射极电流 $I_{\text{E4}}$，同时又是负载门的输入高电平电流 $I_{\text{IH}}$，如图 2-24 所示，所以负载门的个数增加，拉电流增大，即驱动门的 $VT_4$ 管发射极电流 $I_{\text{E4}}$ 增加，$R_{\text{C4}}$ 上的压降增加。

当 $I_{\text{E4}}$ 增加到一定的数值时，$VT_4$ 进入饱和，输出高电平降低。前面提到过输出高电平不得低于 $V_{\text{OH（min）}} = 2.4\text{V}$。因此，把输出高电平时允许拉出输出端的电流定义为**输出高电平电流** $I_{\text{OH}}$，这也是门电路的一个参数，产品规定 $I_{\text{OH}} = 0.4\text{mA}$。由此可得出，输出高电平时所能驱动同类门的个数为：

$$N_{\text{OH}} = \frac{I_{\text{OH}}}{I_{\text{IH}}}$$

$N_{OH}$ 称为**输出高电平时的扇出系数**。

一般 $N_{OL} \neq N_{OH}$，常取两者中的较小值作为门电路的扇出系数，用 $N_O$ 表示。

5．TTL 与非门举例——7400

7400 是一种典型的 TTL 与非门器件，内部含有 4 个 2 输入端与非门，共有 14 个引脚，引脚排列图如图 2-25 所示。

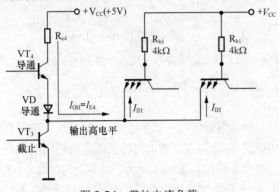

图 2-24  带拉电流负载

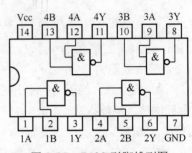

图 2-25  7400 引脚排列图

## 2.3.2  TTL 门电路的其他类型

在第一章中我们已经了解了输入输出之间有多种逻辑关系，如与、或、非、与非、或非、与或非等。那么用 TLL 门电路除了能实现与非门，也能实现其他类型的门电路。

1．非门（如图 2-26 所示）

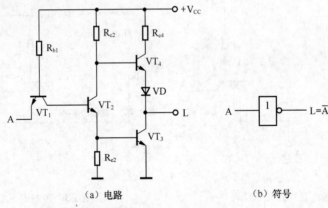

（a）电路　　　　　　（b）符号

图 2-26  TTL 非门电路

2．或非门（如图 2-27 所示）

3．与或非门（如图 2-28 所示）

4．集电极开路门

在工程实践中，有时需要将几个门的输出端并联使用，以实现与逻辑，称为**线与**。TTL 门电路的输出结构决定了它不能进行线与。

如果将 $G_1$、$G_2$ 两个 TTL 与非门的输出直接连接起来，如图 2-29 所示，当 $G_1$ 输出为高，$G_2$ 输出为低时，从 $G_1$ 的电源 $V_{CC}$ 通过 $G_1$ 的 $VT_4$、VD 到 $G_2$ 的 $VT_3$，形成一个低阻通路，产生很大的电流，输出既不是高电平也不是低电平，逻辑功能将被破坏，还可能烧毁器件。所以普通的 TTL 门电路是不能进行线与的。

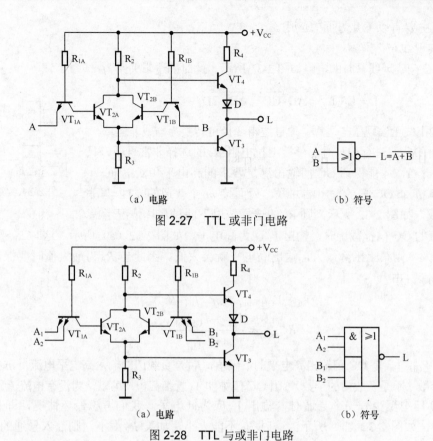

（a）电路　　　　　　　（b）符号

图 2-27　TTL 或非门电路

（a）电路　　　　　　　（b）符号

图 2-28　TTL 与或非门电路

为满足实际应用中实现线与的要求，专门生产了一种可以进行线与的门电路——集电极开路门，简称 OC 门（Open Collector），如图 2-30 所示。

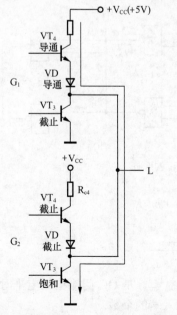

图 2-29　普通的 TTL 门电路输出并联使用

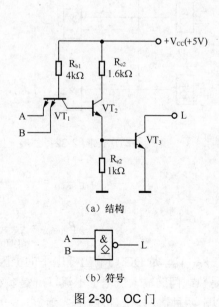

（a）结构

（b）符号

图 2-30　OC 门

OC 门主要有以下几方面的应用。

（1）实现线与。

2 个 OC 门实现线与时的电路如图 2-31 所示。此时的逻辑关系为：

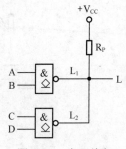

$$L = L_1 \cdot L_2 = \overline{AB} \cdot \overline{CD} = \overline{AB+CD}$$

即在输出线上实现了与运算，通过逻辑变换可转换为与或非运算。

在使用 OC 门进行线与时，外接上拉电阻 $R_P$ 的选择非常重要，只有 $R_P$ 选择得当，才能保证 OC 门输出满足要求的高电平和低电平。

图 2-31　实现线与

假定有 $n$ 个 OC 门的输出端并联，后面接 $m$ 个普通的 TTL 与非门作为负载，如图 2-32 所示，则 $R_P$ 的选择按以下两种最坏情况考虑。

当所有的 OC 门都截止时，输出 $V_o$ 应为高电平，如图 2-32（a）所示。这时 $R_P$ 不能太大，如果 $R_P$ 太大，则其上压降太大，输出高电平就会太低。因此当 $R_P$ 为最大值时要保证输出电压为 $V_{OH（min）}$，由

$$V_{CC} - V_{OH（min）} = m' \cdot I_{IH} \cdot R_{P（max）}$$

得：

$$R_{P(max)} = \frac{V_{CC} - V_{OH(min)}}{m' \cdot I_{IH}}$$

式中，$V_{OH（min）}$ 是 OC 门输出高电平的下限值，$I_{IH}$ 是负载门的输入高电平电流，$m'$ 是负载门输入端的个数（不是负载门的个数），因 OC 门中的 $T_3$ 管都截止，可以认为没有电流流入 OC 门。

当 OC 门中至少有一个导通时，输出 $V_o$ 应为低电平。我们考虑最坏情况，即只有一个 OC 门导通，如图 2-32（b）所示。这时 $R_P$ 不能太小，如果 $R_P$ 太小，则灌入导通的那个 OC 门的负载电流超过 $I_{OL（max）}$，就会使 OC 门的 $VT_3$ 管脱离饱和，导致输出低电平上升。因此当 $R_P$ 为最小值时要保证输出电压为 $V_{OL（max）}$，由

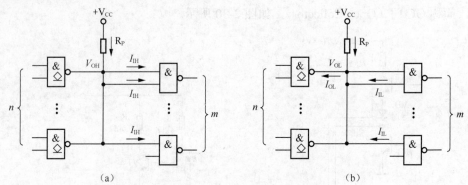

图 2-32　外接上拉电阻 $R_P$ 的选择

$$I_{OL(max)} = \frac{V_{CC} - V_{OL(max)}}{R_{P(min)}} + m \cdot I_{IL}$$

得：

$$R_{P(min)} = \frac{V_{CC} - V_{OL(max)}}{I_{OL(max)} - m \cdot I_{IL}}$$

式中，$V_{OL（max）}$ 是 OC 门输出低电平的上限值，$I_{OL（max）}$ 是 OC 门输出低电平时的灌电流能力，$I_{IL}$ 是负载门的输入低电平电流，m 是负载门输入端的个数。

综合以上两种情况，$R_P$ 可由下式确定。一般，$R_P$ 应选 1kΩ 左右的电阻。

$$R_{P（min）}<R_P<R_{P（max）}$$

（2）实现电平转换。

在数字系统的接口部分（与外部设备相联接的地方）需要有电平转换的时候，常用 OC 门来完成。如图 2-33 把上拉电阻接到 10V 电源上，这样在 OC 门输入普通的 TTL 电平，而输出高电平就可以变为 10V。

（3）用作驱动器。

可用它来驱动发光二极管、指示灯、继电器和脉冲变压器等。图 2-34 是用来驱动发光二极管的电路。

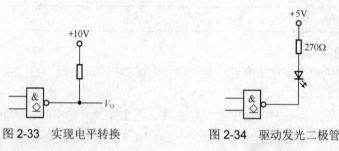

图 2-33　实现电平转换　　　　图 2-34　驱动发光二极管

5．三态输出门

（1）三态输出门的结构及工作原理。

三态门是在普通与非门电路基础上增加了控制端和控制电路而构成的，电路图和逻辑符号如图 2-35 所示，其中 A、B 为信号输入端，EN 为控制端（也称使能端），L 为输出端。它的输出允许接成"线与"形式，而且保持推拉式输出结构不变，其工作速度和负载能力都比 OC 门优越。工作原理如下。

当 $EN$=0 时，G 输出为 1，$VD_1$ 截止，与 P 端相连的 $VT_1$ 的发射结也截止。三态门相当于一个正常的二输入端与非门，输出 L=$\overline{AB}$，称为正常工作状态。

当 $EN$ = 1 时，G 输出为 0，即 $V_P$ = 0.3V，这一方面使 $VD_1$ 导通，VC2 = 1V，$VT_4$、VD 截止；另一方面使 VB1 = 1V，$VT_2$、$VT_3$ 也截止。这时从输出端 L 看进去，对地和对电源都相当于开路，呈现高阻。所以称这种状态为高阻态，或禁止态。

这种 $EN$=0 时为正常工作状态的三态门称为低电平有效的三态门。如果将图 2-35（a）中的非门 G 去掉，则使能端 $EN$ = 1 时为正常工作状态，$EN$ = 0 时为高阻状态，这种三态门称为高电平有效的三态门，逻辑符号如图 2-35（c）。

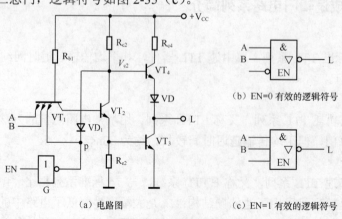

（a）电路图　　　　　　（c）EN=1 有效的逻辑符号

图 2-35　三态输出门

低电平有效的 TTL 三态与非门的真值表如表 2-8 所示。

表 2-8　　　　　　　　低电平有效的 TTL 三态与非门真值表

| EN | A | B | L |
|----|----|----|----|
| 0 | 0 | 0 | 1 |
| 0 | 0 | 1 | 1 |
| 0 | 1 | 0 | 1 |
| 0 | 1 | 1 | 0 |
| 1 | × | × | 高阻态 |

（2）三态门的应用。

三态门在计算机总线结构中有着广泛的应用。图 2-36（a）所示为三态门组成的单向总线。可实现信号的分时传送。

图 2-36（b）所示为三态门组成的双向总线。当 EN 为高电平时，$G_1$ 正常工作，$G_2$ 为高阻态，输入数据 $D_I$ 经 $G_1$ 反相后送到总线上；当 EN 为低电平时，$G_2$ 正常工作，$G_1$ 为高阻态，总线上的数据 $D_O$ 经 $G_2$ 反相后输出 $\overline{D_O}$。这样就实现了信号的分时双向传送。

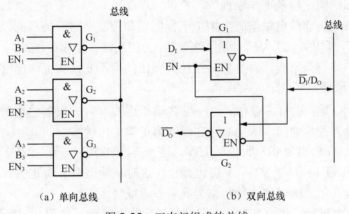

（a）单向总线　　　　　　（b）双向总线

图 2-36　三态门组成的总线

### 2.3.3　TTL 集成逻辑门电路系列简介

1．74 系列

74 系列又称标准 TTL 系列，属中速 TTL 器件，其平均传输延迟时间约为 10ns，平均功耗约为 10mW/每门。

2．74L 系列

74L 系列为低功耗 TTL 系列，又称 LTTL 系列。用增加电阻阻值的方法将电路的平均功耗降低为 1 mW/每门，但平均传输延迟时间较长，约为 33ns。

3．74H 系列

74H 系列为高速 TTL 系列，又称 HTTL 系列。与 74 标准系列相比，电路结构上主要作了两点改进：一是输出级采用了达林顿结构；二是大幅度地降低了电路中的电阻的阻值。从而提高了工作速度和负载能力，但电路的平均功耗增加了。该系列的平均传输延迟时间为 6ns，

平均功耗约为 22mW/每门。

4．74S 系列

74S 系列为肖特基 TTL 系列，又称 STTL 系列。图 2-37 所示为 74S00 与非门的电路，与 74 系列与非门相比较，为了进一步提高速度主要作了以下三点改进。

（1）输出级采用了达林顿结构，$VT_4$、$VT_5$ 组成复合管电路，降低了输出高电平时的输出电阻，有利于提高速度，也提高了负载能力。

（2）采用了抗饱和三极管，如图 2-38 所示。

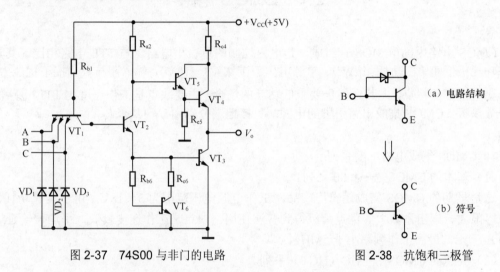

图 2-37　74S00 与非门的电路　　　　图 2-38　抗饱和三极管

（3）用 $T_6$、$R_{b6}$、$R_{C6}$ 组成的"有源泄放电路"代替了原来的 $R_{e2}$。

另外输入端的三个二极管 $VD_1$、$VD_2$、$VD_3$ 用于抑制输入端出现的负向干扰，起保护作用。

由于采取了上述措施，74S 系列的延迟时间缩短为 3ns，但电路的平均功耗较大，约为 19mW。

5．74LS 系列

74LS 系列为低功耗肖特基系列，又称 LSTTL 系列。电路中采用了抗饱和三极管和专门的肖特基二极管来提高工作速度，同时通过加大电路中电阻的阻值来降低电路的功耗，从而使电路既具有较高的工作速度，又有较低的平均功耗。其平均传输延迟时间为 9ns，平均功耗约为 2mW/每门。

6．74AS 系列

74AS 系列为先进肖特基系列，又称 ASTTL 系列，它是 74S 系列的后继产品，是在 74S 的基础上大大降低了电路中的电阻阻值，从而提高了工作速度。其平均传输延迟时间为 1.5ns，但平均功耗较大，约为 20mW/每门。

7．74ALS 系列

74ALS 系列为先进低功耗肖特基系列，又称 ALSTTL 系列，是 74LS 系列的后继产品。它是在 74LS 的基础上通过增大电路中的电阻阻值、改进生产工艺和缩小内部器件的尺寸等措施，降低了电路的平均功耗、提高了工作速度。其平均传输延迟时间约为 4ns，平均功耗约为 1mW/每门。

## 2.4　CMOS 电路

CMOS 电路内部由 MOS 管组成，是电压控制的单极型电路。与 TTL 电路相比，其具有静态功耗极低（单门功耗<1μW）、电源电压范围宽（3～18V）、输入阻抗高、抗干扰能力强、工作稳定性好等特点，尤其适用于要求低功耗的场合。主要缺点是工作速度比 TTL 电路低约一个数量级。CMOS 集成电路引脚的电源端、接地端分别用 $U_{DD}$ 或（$V_{DD}$）、$U_{ss}$ 或（$V_{ss}$）来标识。

1. CMOS 集成电路主要系列

（1）基本的 CMOS——4000 系列。

这是早期的 CMOS 集成逻辑门产品，工作电源电压范围为 3～18V，由于具有功耗低、噪声容限大、扇出系数大等优点，已得到普遍使用。缺点是工作速度较低，平均传输延迟时间为几十 ns，最高工作频率小于 5MHz。

（2）高速的 CMOS——HC（HCT）系列。

该系列电路主要从制造工艺上做了改进，使其大大提高了工作速度，平均传输延迟时间小于 10ns，最高工作频率可达 50MHz。HC 系列的电源电压范围为 2～6V。HCT 系列的主要特点是与 TTL 器件电压兼容，它的电源电压范围为 4.5～5.5V。它的输入电压参数为 $V_{IH(min)}$ = 2.0V；$V_{IL(max)}$ = 0.8V，与 TTL 完全相同。另外，74HC/HCT 系列与 74LS 系列的产品，只要最后 3 位数字相同，则两种器件的逻辑功能、外形尺寸，引脚排列顺序也完全相同，这样就为以 CMOS 产品代替 TTL 产品提供了方便。

（3）先进的 CMOS——AC（ACT）系列。

该系列的工作频率得到了进一步的提高，同时保持了 CMOS 超低功耗的特点。其中 ACT 系列与 TTL 器件电压兼容，电源电压范围为 4.5～5.5V。AC 系列的电源电压范围为 1.5～5.5V。AC（ACT）系列的逻辑功能、引脚排列顺序等都与同型号的 HC（HCT）系列完全相同。

2. CMOS 逻辑门电路的主要参数

CMOS 门电路主要参数的定义同 TTL 电路，下面主要说明 CMOS 电路主要参数的特点。

（1）输出高电平 $V_{OH}$ 与输出低电平 $V_{OL}$。CMOS 门电路 $V_{OH}$ 的理论值为电源电压 $V_{DD}$，$V_{OH(min)}$ ≈ $0.9V_{DD}$；$V_{OL}$ 的理论值为 0V，$V_{OL(max)}$ = $0.01V_{DD}$。所以 CMOS 门电路的逻辑摆幅（即高低电平之差）较大，接近电源电压 $V_{DD}$ 值。

（2）阈值电压 $V_{th}$。从 CMOS 非门电压传输特性曲线中看出，输出高低电平的过渡区很陡，阈值电压 $V_{th}$ 约为 $V_{DD}/2$。

（3）抗干扰容限。CMOS 非门的关门电平 $V_{OFF}$ 为 $0.45V_{DD}$，开门电平 $V_{ON}$ 为 $0.55V_{DD}$。因此，其高、低电平噪声容限均达 $0.45V_{DD}$。其他 CMOS 门电路的噪声容限一般也大于 $0.3V_{DD}$，电源电压 $V_{DD}$ 越大，其抗干扰能力越强。

（4）传输延迟与功耗。CMOS 电路的功耗很小，一般小于 1 mW/门，但传输延迟较大，一般为几十 ns/门，且与电源电压有关，电源电压越高，CMOS 电路的传输延迟越小，功耗越大。前面提到 74HC 高速 CMOS 系列的工作速度已与 TTL 系列相当。

（5）扇出系数。因 CMOS 电路有极高的输入阻抗，故其扇出系数很大，一般额定扇出系数可达 50。但必须指出的是，扇出系数是指驱动 CMOS 电路的个数，若就灌电流负载能力和拉电流负载能力而言，CMOS 电路远远低于 TTL 电路。

# *2.5　逻辑门电路在使用中应注意的问题

## 2.5.1　TTL 与 CMOS 器件之间的接口问题

两种不同类型的集成电路相互连接，驱动门必须要为负载门提供符合要求的高低电平和足够的输入电流，即要满足下列条件：

驱动门的 $V_{OH(min)}$ ≥ 负载门的 $V_{IH(min)}$。

驱动门的 $V_{OL(max)}$ ≤ 负载门的 $V_{IL(max)}$。

驱动门的 $I_{OH(max)}$ ≥ 负载门的 $I_{IH(总)}$。

驱动门的 $I_{OL(max)}$ ≥ 负载门的 $I_{IL(总)}$。

下面分别讨论 TTL 门驱动 CMOS 门和 CMOS 门驱动 TTL 门的情况。

### 1. TTL 门驱动 CMOS 门

由于 TTL 门的 $I_{OH(max)}$ 和 $I_{OL(max)}$ 远远大于 CMOS 门的 $I_{IH}$ 和 $I_{IL}$，所以 TTL 门驱动 CMOS 门时，主要考虑 TTL 门的输出电平是否满足 CMOS 输入电平的要求。

（1）TTL 门驱动 4000 系列和 74HC 系列。

当都采用 5V 电源时，TTL 的 $V_{OH(min)}$ 为 2.4V 或 2.7V，而 CMOS4000 系列和 74HC 系列电路的 $V_{IH(min)}$ 为 3.5V，显然不满足要求。这时可在 TTL 电路的输出端和电源之间，接一上拉电阻 $R_P$，如图 2-39（a）所示。$R_P$ 的阻值取决于负载器件的数目及 TTL 和 CMOS 器件的电流参数，一般在几百欧到几千欧。

如果 TTL 和 CMOS 器件采用的电源电压不同，则应使用 OC 门，同时使用上拉电阻 $R_P$，如图 2-39（b）所示。

（2）TTL 门驱动 74HCT 系列。

前面提到 74HCT 系列与 TTL 器件电压兼容。它的输入电压参数为 $V_{IH(min)}$ =2.0V，而 TTL 的输出电压参数为 $V_{OH(min)}$ 为 2.4V 或 2.7V，因此两者可以直接相连，不需外加其他器件。

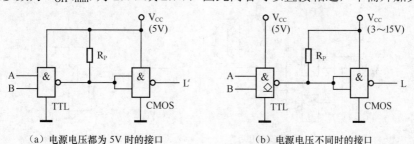

（a）电源电压都为 5V 时的接口　　　　　（b）电源电压不同时的接口

图 2-39　TTL 驱动 CMOS 门电路

**2. CMONS 门驱动 TTL 门**

当都采用 5V 电源时，CMOS 门的 $V_{OH(min)}$ >TTL 门的 $V_{IH(min)}$，CMOS 的 $V_{OL(max)}$ <TTL 门的 $V_{IL(max)}$，两者电压参数相容。但是 CMOS 门的 $I_{OH}$、$I_{OL}$ 参数较小，所以，这时主要考虑 CMOS 门的输出电流是否满足 TTL 输入电流的要求。

要提高 CMOS 门的驱动能力，可将同一芯片上的多个门并联使用，如图 2-40（a）所示。也可在 CMOS 门的输出端与 TTL 门的输入端之间加一 CMOS 驱动器，如图 2-40（b）所示。

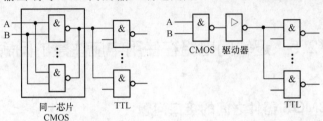

（a）并联使用提高带负载能力　　（b）用 CMOS 驱动器驱动 TTL 电路

图 2-40　CMOS 驱动 TTL 门电路

## 2.5.2　TTL 和 CMOS 电路带负载时的接口问题

在工程实践中，常常需要用 TTL 或 CMOS 电路去驱动指示灯、发光二极管 LED、继电器等负载。

对于电流较小、电平能够匹配的负载可以直接驱动，图 2-41（a）所示为用 TTL 门电路驱动发光二极管 LED，这时只要在电路中串接一个约几百欧的限流电阻即可。图 2-41（b）所示为用 TTL 门电路驱动 5V 低电流继电器，其中二极管 VD 作保护，用以防止过电压。

如果负载电流较大，可将同一芯片上的多个门并联作为驱动器，如图 2-42（a）所示。也可在门电路输出端接三极管，以提高负载能力，如图 2-42（b）所示。

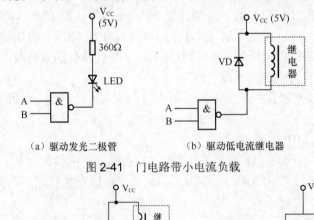

（a）驱动发光二极管　　　　（b）驱动低电流继电器

图 2-41　门电路带小电流负载

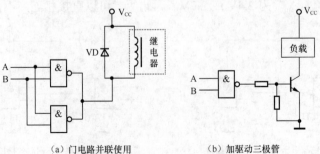

（a）门电路并联使用　　　　（b）加驱动三极管

图 2-42　门电路带大电流负载

### 2.5.3　多余输入端的处理

多余输入端的处理应以不改变电路逻辑关系及稳定可靠为原则。通常采用下列方法。

（1）对于与非门及与门，多余输入端应接高电平，比如直接接电源正端，或通过一个上拉电阻（1～3kΩ）接电源正端，如图 2-43（a）所示；在前级驱动能力允许时，也可以与有用的输入端并联使用，如图 2-43（b）所示。

（2）对于或非门及或门，多余输入端应接低电平，比如直接接地，如图 2-44（a）所示；也可以与有用的输入端并联使用，如图 2-44（b）所示。

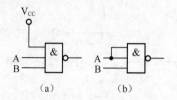

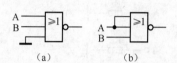

图 2-43　与非门多余输入端的处理　　　图 2-44　或非门多余输入端的处理

## 本章小结

- 最简单的门电路是用二极管组成的与门、或门和三极管组成的非门电路。它们是集成逻辑门电路的基础。

- 目前普遍使用的数字集成电路主要有两大类：一类由 NPN 型三极管组成，简称 TTL 集成电路；另一类由 MOSFET 构成，简称 MOS 集成电路。

- TTL 集成逻辑门电路的输入级采用多发射极三级管、输出级采用达林顿结构，这不仅提高了门电路的开关速度，也使电路有较强的驱动负载的能力。

- 在 TTL 系列中，除了有实现各种基本逻辑功能的门电路以外，还有集电极开路门和三态门，它们能够实现线与，还可用来驱动需要一定功率的负载。三态门还可用来实现总线结构。

- MOS 集成电路常用的是两种结构。一种是由 N 沟道 MOSFET 构成的 NMOS 门电路，它结构简单，易于集成化，因而常在大规模集成电路中应用，但没有单片集成门电路产品；另一类是由增强型 N 沟道和 P 沟道 MOSFET 互补构成的 CMOS 门电路，这是 MOS 集成门电路的主要结构。与 TTL 门电路相比，它的优点是功耗低，扇出数大（指带同类门负载），噪声容限大，开关速度与 TTL 接近，已成为数字集成电路的发展方向。

- 为了更好地使用数字集成芯片，应熟悉 TTL 和 CMOS 各个系列产品的外部电气特性及主要参数，还应能正确处理多余输入端，能正确解决不同类型电路间的接口问题及抗干扰问题。

## 习　题　2

1. 电路如题图 2-1 所示，写出输出 $L$ 的表达式。设电路中各元件参数满足使三极管处于饱和及截止的条件。

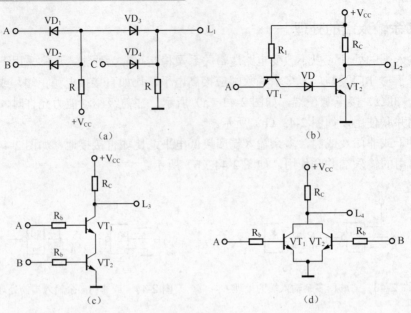

题图 2-1

2. 对于如题图 2-2（a）所示的各种电路及题图 2-2（b）所示的输入波形，试画出 $F_1 \sim F_4$ 的波形。

3. 说明 TTL 与非门的输入端在以下 4 种接法下都属于逻辑 0 的原因：（1）输入端接地；（2）输入端接低于 0.8V 的电源；（3）输入端接同类与非门的输出低电压 0.3V；（4）输入端通过 200Ω 的电阻接地。

4. 说明 TTL 与非门的输入端在以下 4 种接法下，都属于逻辑 1 的原因：（1）输入端悬空；（2）输入端接高于 2V 的电源；（3）输入端接同类与非门的输出高电压 3.6V；（4）输入端接 10kΩ 的电阻接地。

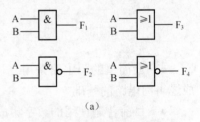

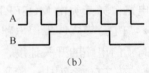

题图 2-2

5. 在题图 2-3 所示的 TTL 门电路中，要求实现下列规定的逻辑功能时，其连接有无错误？如有错误请改正。

$$L_1 = \overline{AB \cdot CD} \qquad L_2 = \overline{AB} \qquad L_3 = \overline{AB+C}$$

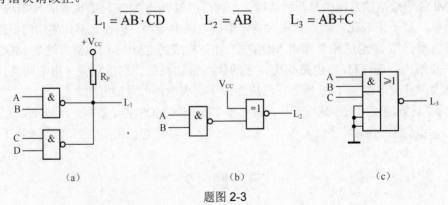

题图 2-3

6. 某 TTL 反相器的主要参数为 $I_{IH} = 20\mu A$，$I_{IL} = 1.4mA$；$I_{OH} = 400\mu A$；$I_{OL} = 14mA$，求它能带多少个同样的门。

7. 在题图 2-4 中 $G_1$ 为 TTL 三态与非门，$G_2$ 为 TTL 普通与非门，电压表内阻为 100kΩ。试求下列 4 种情况下的电压表读数和 $G_2$ 输出电压 $V_O$ 值：

（1）B = 0.3V，开关 K 打开；

（2）B = 0.3V，开关 K 闭合；

（3）B = 3.6V，开关 K 打开；

（4）B = 3.6V，开关 K 闭合。

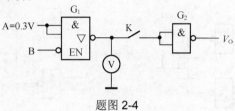

题图 2-4

8. 在题图 2-5 中，所有的门电路都为 TTL 门，设输入 A、B、C 的波形如图 2-5（d）所示，请写出个门电路的逻辑表达式，并画出各输出的波形图。

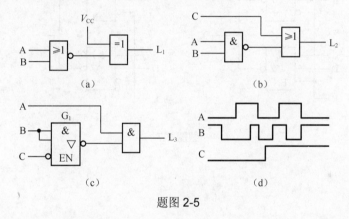

题图 2-5

9. 电路如题图 2-6 所示，试用表格方式列出各门电路的名称，输出逻辑表达式以及当 ABCD = 1001 时，各输出函数的值。

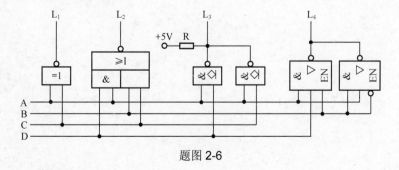

题图 2-6

10. 试说明下列各种门电路中哪些可以将输出端并联使用：（输入端的状态不一定相同）

（1）具有推拉式输出级的 TTL 门电路；

（2）TTL 门电路中的 OC 门；

（3）TTL 门电路的三太输出门；

（4）普通的 CMOS 门；

（5）漏极开路输出的 CMOS 门电路；

（6）CMOS 门电路的三态输出门。

11．分析如图 2-7 所示 CMOS 门电路，哪些能正常工作，哪些不能，写出能正常工作电路输出信号的逻辑表达式。

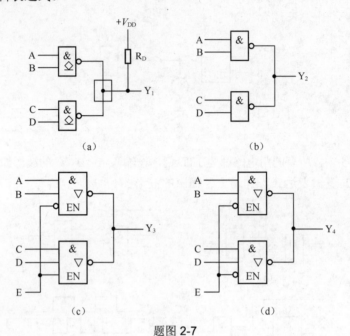

题图 2-7

# 第3章 组合逻辑电路

**本章导读** 数字系统中，常用的各种逻辑电路，就其结构、工作原理和逻辑功能而言，可分为两大类：组合逻辑电路（简称组合电路）和时序逻辑电路（简称时序电路）。所谓组合逻辑电路是指电路在任一时刻的输出状态只取决于该时刻的输入状态，而与电路原来的状态无关。它在结构上是由各种基本门电路和复合门电路组成的，前面学过的门电路就属于最简单的组合逻辑电路。本章将首先介绍组合逻辑电路的分析方法和设计方法，然后对几种常用的组合逻辑电路：加法器、数值比较器、编码器、译码器、数据选择器和数据分配器的基本构成和工作原理、逻辑功能以及应用进行分析和讨论。

**本章要求** 理解组合逻辑电路的组成和特点；掌握组合逻辑电路的分析方法并能应用于对其逻辑功能的分析；掌握几种常用中规模集成器件的逻辑功能即器件的外特性，从而正确使用这些器件；并能用集成电路实现组合逻辑函数。

## 3.1 组合逻辑电路的分析方法和设计方法

### 3.1.1 组合逻辑电路的定义

1. 定义

由若干个逻辑门电路组成的具有一组输入和一组输出的非记忆性逻辑电路，即为组合逻辑电路。其结构框图可用图 3-1 来描述。

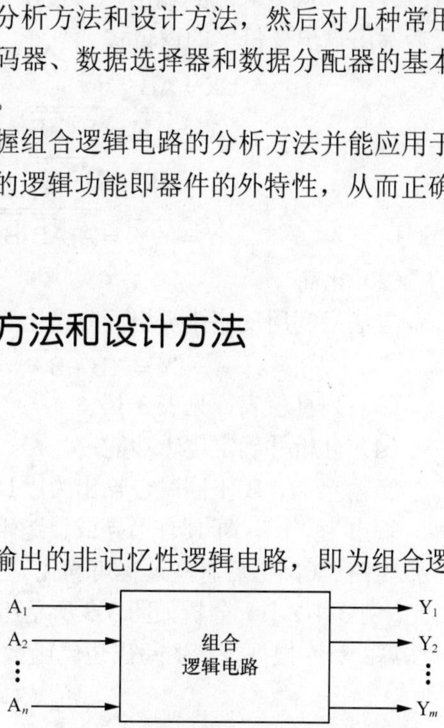

2. 特点

（1）在电路的结构上：可以有多个输入端和多个输出端；电路由门电路组成，电路中不含有记忆单元；输入、输出之间没有反馈回路，即信号的流向仅有从输入端到输出端一个方向。

图 3-1 组合逻辑电路的一般结构框图

（2）在逻辑功能上：任一时刻电路的输出状态仅仅取决于该时刻电路的输入状态，而与信号作用前电路原来所处的状态无关。

3. 描述组合电路逻辑功能的方法

描述组合电路逻辑功能的方法主要有：逻辑表达式、真值表、逻辑图。

### 3.1.2 组合逻辑电路的分析方法

1. 分析组合逻辑电路的目的

分析组合逻辑电路是为了确定已知电路的逻辑功能，或者检查电路设计是否合理。即根据给定的逻辑图,找出输出信号与输入信号之间的逻辑关系,从而确定它的逻辑功能,这就是组合逻辑电路的分析。

2. 分析组合逻辑电路的步骤

(1)根据给定的逻辑图,用逐级递推法写出逻辑函数表达式。

(2)利用公式法或卡诺图法化简逻辑函数表达式。

(3)根据最简逻辑表达式列真值表(不会出现或不允许出现的输入变量的取值可不列出或在相应的输出函数处写"×",化简时作约束项处理)。

(4)由真值表分析电路的逻辑功能,并用简练的语言说明其功能。

【例 3-1-1】 分析如图 3-2 所示组合逻辑电路的功能。

**解:**

(1)根据逻辑图写出逻辑函数表达式。

方法:从输入端到输出端,依次写出各个门的逻辑式,最后写出输出变量 $Y$ 的逻辑式。

图 3-2 例 3-1 的逻辑电路

$$X = \overline{AB}$$
$$Y_1 = \overline{AX} = \overline{A \cdot \overline{AB}}$$
$$Y_2 = \overline{BX} = \overline{B \cdot \overline{AB}}$$
$$Y = \overline{Y_1 Y_2} = \overline{\overline{A \cdot \overline{AB}} \cdot \overline{B \cdot \overline{AB}}}$$

(2)化简

方法:利用反演律及相关公式化简。

$$Y = A\overline{B} + B\overline{A}$$

(3)列真值表,见表 3-1。

(4)分析并确定逻辑功能:

当输入 A、B 不同时,输出为"1";当输入 A、B 相同时,输出为"0"。即具有"异或"逻辑功能,也叫两变量非一致电路。(熟练后有些过程可简化)

表 3-1

| A | B | Y |
|---|---|---|
| 0 | 0 | 0 |
| 0 | 1 | 1 |
| 1 | 0 | 1 |
| 1 | 1 | 0 |

【例 3-1-2】 分析如图 3-3 所示组合逻辑电路的功能。

**解:**(1)根据逻辑图写出逻辑函数表达式:

$$S = \overline{A}B + A\overline{B} = A \oplus B$$
$$CO = AB$$

(2)列真值表,见表 3-2。

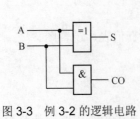

图 3-3 例 3-2 的逻辑电路

表 3-2 例 3-1-2 的真值表

| 输　入 | | 输　出 | |
|---|---|---|---|
| A | B | CO | S |
| 0 | 0 | 0 | 0 |
| 0 | 1 | 0 | 1 |
| 1 | 0 | 0 | 1 |
| 1 | 1 | 1 | 0 |

（3）分析并确定逻辑功能：

由真值表可知，当 A、B 都是 0 时，S 为 0，CO 也为 0；当 A、B 中有一个为 1 时 S 为 1，CO 为 0；当 A、B 都是 1 时，S 为 0，CO 为 1。这符合两个一位数相加的原则。即 A、B 为两个加数，S 为本位和输出，CO 是向高位的进位输出。这种用于实现两个一位二进制数相加的电路，因没考虑低位来的进位，叫半加器。

### 3.1.3　组合逻辑电路的设计方法

1. 组合逻辑电路设计的目的

组合逻辑电路的设计与分析过程相反，其目的是根据给定的实际逻辑问题，设计出一个能够实现这一逻辑功能的最简逻辑电路。这里所说的"最简"，是指电路中所用的器件个数最少，器件种类最少，而且器件之间的连线最少。

2. 设计组合逻辑电路的步骤

（1）根据设计题目要求，进行逻辑抽象，即将实际问题转化成逻辑问题。确定输入变量和输出变量及数目，明确输出变量和输入变量之间的逻辑关系，并对它们进行逻辑赋值即确定 0 和 1 代表的含义。

（2）根据功能要求将输出变量和输入变量之间的逻辑关系列成真值表。

（3）根据真值表写出逻辑函数，并将逻辑函数化简成最简表达式。

（4）根据最简表达式画逻辑图。

说明：有时需要根据电路的具体要求和器件的资源情况来选择合适的器件，再根据选择的器件，将逻辑函数转换成适当的形式。通常把逻辑函数转换为与非—与非式等，这样可以用与非门来实现。

【例 3-1-3】　设计三人表决电路。有 A、B、C 三人进行表决，当有两人或两人以上同意时决议才算通过。具体操作是：每人有一个按键，如果同意则按下；不同意则不按。结果用指示灯表示，多数同意时指示灯亮；否则不亮。

**解：**

（1）确定输入变量和输出变量并赋值（一般事件的原因为输入变量，事件的结果为输出变量）。

由三人控制的按键状态为输入变量，设为 A、B、C，且按下时为"1"；不按时为"0"。表示结果的指示灯的状态为输出变量，设为 Y，且灯亮为"1"；否则为"0"。

（2）根据题意列出逻辑真值表见表 3-3。

表 3-3　　　　　　　　　　　　　例 3-1-3 的真值表

| A | B | C | Y |
|---|---|---|---|
| 0 | 0 | 0 | 0 |
| 0 | 0 | 1 | 0 |
| 0 | 1 | 0 | 0 |
| 0 | 1 | 1 | 1 |
| 1 | 0 | 0 | 0 |
| 1 | 0 | 1 | 1 |
| 1 | 1 | 0 | 1 |
| 1 | 1 | 1 | 1 |

（3）根据真值表写出逻辑表达式并化简

$$Y = \overline{A}BC + A\overline{B}C + AB\overline{C} + ABC = AB + BC + CA$$

（4）根据逻辑表达式画出逻辑图如图 3-4（a）所示。

若要求用与非门实现，则将前面的逻辑表达式转化为：

$$Y = AB + BC + CA = \overline{\overline{AB + BC + CA}} = \overline{\overline{AB} \cdot \overline{BC} \cdot \overline{CA}}$$

画出逻辑图如图 3-4（b）所示。

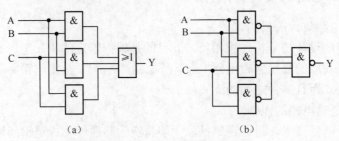

(a)                    (b)

图 3-4　例 3-1-3 的逻辑电路

*【例 3-1-4】　一个水箱由大、小两台水泵 $M_b$ 和 Ms 供水，示意图如图 3-5 所示。水箱中设置了 3 个水位检测元件 A、B、C。水面低于检测元件时，检测元件给出高电平；水面高于检测元件时，检测元件给出低电平。现要求当水位超过 C 点时水泵停止工作；水位低于 C 点而高于 B 点时 Ms 单独工作；水位低于 B 点而高于 A 点时 $M_b$ 单独工作；水位低于 A 点时 $M_b$ 和 Ms 同时工作。试设计一个控制两台水泵的逻辑电路。

**解：**

（1）首先进行逻辑抽象。

由题意可知，有 3 个输入变量 A、B、C，两个输出变量 $M_b$ 和 $M_s$，对于输入变量，1 表示水面低于相应的检测元件，0 表示水面高于相应的检测元件；对于输出变量，1 表示水泵工作；0 表示水泵不工作。

（2）依题意列出真值表见表 3-4。

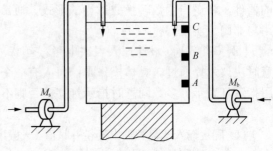

图 3-5　例 3-1-4 的示意图

表 3-4　　　　　　　　　　　　　　　例 3-1-4 的真值表

| A | B | C | $M_s$ | $M_b$ |
|---|---|---|---|---|
| 0 | 0 | 0 | 0 | 0 |
| 0 | 0 | 1 | 1 | 0 |
| 0 | 1 | 0 | × | × |
| 0 | 1 | 1 | 0 | 1 |
| 1 | 0 | 0 | × | × |
| 1 | 0 | 1 | × | × |
| 1 | 1 | 0 | × | × |
| 1 | 1 | 1 | 1 | 1 |

（3）由真值表写出逻辑表达式并化简。

$$M_s = A + \overline{B}C$$

$$M_b = B$$

（4）根据逻辑表达式画出逻辑电路图如图 3-6 所示。

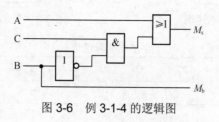

图 3-6　例 3-1-4 的逻辑图

---

**思考：**

1. 组合电路有何特点？
2. 如何分析组合电路？
3. 如何设计组合电路？
4. 如何用与非门实现半加器的逻辑功能？

---

# 3.2　常用的组合逻辑电路

组合逻辑电路应用十分广泛，为了方便工程上的应用，常把某些具有特定逻辑功能的组合逻辑电路设计成标准的电路，并且制成中、小规模的集成电路产品，可以直接使用，而不用重复设计这些逻辑电路。常见的组合逻辑电路有加法器、数值比较器、编码器、译码器、数据选择器、数据分配器等。下面分别介绍它们的工作原理和使用方法。

## 3.2.1　加法器

实现两个二进制数加法运算的电路称为加法器。两个二进制数之间的算术运算无论是加、减、乘、除，目前在数字计算机中都是化成若干步加法运算进行。因此，加法器是构成算术运算器的基本单元。

二进制加法运算的基本规则如下。

（1）逢二进一。

（2）最低位是两个数最低位的相加，不需考虑进位。

（3）其余各位都是三个数相加，包括加数、被加数和低位送来的进位。

（4）任何位相加都产生两个结果：本位和、向高位的进位。

1. 半加器和全加器

根据二进制加法运算的基本规则，最低位是两个数最低位的相加，不需考虑进位，可以用半加器实现。半加器的逻辑符号如图 3-7 所示。

其余各位都是三个数相加，包括加数、被加数和低位送来的进位，可以设计出能计算三个数相加的加法器，称为全加器。电路结构如图 3-8 所示。真值表如表 3-5 所示。

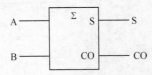

图 3-7 半加器逻辑符号

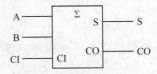

图 3-8 全加器逻辑符号

表 3-5 全加器的真值表

| A | B | CI | S | CO |
|---|---|----|---|----|
| 0 | 0 | 0 | 0 | 0 |
| 0 | 0 | 1 | 1 | 0 |
| 0 | 1 | 0 | 1 | 0 |
| 0 | 1 | 1 | 0 | 1 |
| 1 | 0 | 0 | 1 | 0 |
| 1 | 0 | 1 | 0 | 1 |
| 1 | 1 | 0 | 0 | 1 |
| 1 | 1 | 1 | 1 | 1 |

由真值表写出其逻辑表达式：$S = A \oplus B \oplus C$，$CO = (A \oplus B)C + AB$

2. 集成加法器

一个全加器只能进行两个一位数相加，若两个多位数相加，就需要将多个全加器连接起来，构成多位加法器。一般将多个全加器集成在一个芯片上构成多位的集成加法器。常见的有 74LS183、74LS283 和 CD4008 等，它们都可以实现两个四位数相加。

74LS183 为串行进位加法器，它是依次将低位全加器的进位输出端 CO 接到高位全加器的进位输入端 CI 构成的。它的优点是电路结构简单，缺点是运算速度慢，适合在一些中低速的数字设备中使用。

74LS283 和 CD4008 为超前进位加法器，可实现两个四位数的并行相加，因此运算速度较快。74LS283 的逻辑符号图如图 3-9 所示。CD4008 的引脚排列如图 3-10 所示。

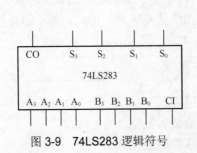

图 3-9 74LS283 逻辑符号

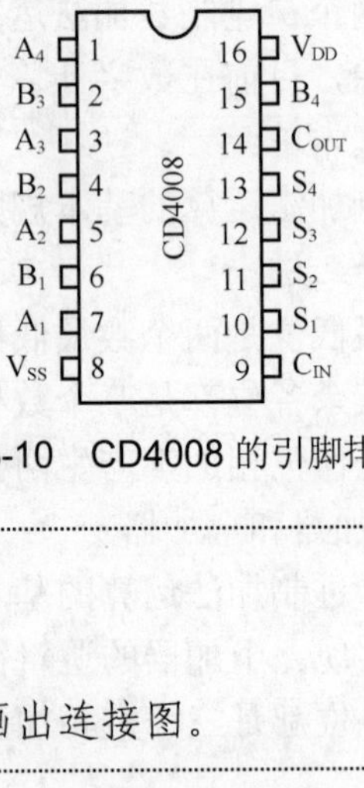

图 3-10 CD4008 的引脚排列

思考：

1. 根据全加器的真值表，试设计出全加器的逻辑电路。

2. 如何用 74LS283 或 CD4008 实现两个八位数相加？画出连接图。

### 3.2.2 数值比较器

在数字系统中，经常要比较两个数值 A 和 B 的大小。为完成这一功能所设计的逻辑电路称为数值比较器。

比较两个数大小的规则如下。

（1）先从高位比起，高位大的，数值一定大。

（2）若高位相等，再比较低一位数，最终结果由低位的比较结果决定。

（3）比较结果有 3 种情况：A>B，A=B，A<B。

由数值比较器的作用及特点，可以设计出数值比较器的电路结构如图 3-11 所示。

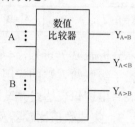

图 3-11　数值比较器电路结构

#### 1．1 位数值比较器

设 1 位数值比较器的输入为 A、B，输出 $Y_{A>B}$，$Y_{A=B}$ 和 $Y_{A<B}$。若 A>B，则 $Y_{A>B}$ 为 1；若 A<B，则 $Y_{A<B}$ 为 1；否则 $Y_{A=B}$ 为 1，列出其真值表如表 3-6 所示。

由表 3-6 可以写出 1 位数值比较器的输出表达式为：

$$Y_{A>B} = A\bar{B} \qquad Y_{A=B} = A\odot B = \overline{A \oplus B} \qquad Y_{A<B} = \bar{A}B$$

根据逻辑表达式，可画出 1 位数值比较器的逻辑电路图如图 3-12 所示。

表 3-6　　1 位数值比较器的真值表

| A | B | $Y_{A>B}$ | $Y_{A=B}$ | $Y_{A<B}$ |
|---|---|---|---|---|
| 0 | 0 | 0 | 1 | 0 |
| 0 | 1 | 0 | 0 | 1 |
| 1 | 0 | 1 | 0 | 0 |
| 1 | 1 | 0 | 1 | 0 |

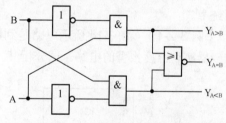

图 3-12　1 位数值比较器逻辑电路

#### 2．4 位数值比较器

4 位数值比较器是比较两个 4 位二进制数大小关系的电路，一般由 4 台一位数值比较器组合而成。设两个待比较的二进制数分别为 $A_3A_2A_1A_0$ 和 $B_3B_2B_1B_0$，来自低位的比较结果为 $I_{A>B}$、$I_{A=B}$ 和 $I_{A<B}$，输出端 $Y_{A>B}$、$Y_{A=B}$ 和 $Y_{A<B}$ 表示比较结果，真值表如表 3-7 所示。

表 3-7　　　　　　　　　　　　　4 位数值比较器的功能表

| 输　　入 | | | | 级联输入 | | | 输　　出 | | |
|---|---|---|---|---|---|---|---|---|---|
| $A_3$、$B_3$ | $A_2$、$B_2$ | $A_1$、$B_1$ | $A_0$、$B_0$ | $I_{1>0}$ | $I_{1=0}$ | $I_{1<0}$ | $Y_{A>B}$ | $Y_{A=B}$ | $Y_{A<B}$ |
| $A_3>B_3$ | × | × | × | × | × | × | 1 | 0 | 0 |
| $A_3<B_3$ | × | × | × | × | × | × | 0 | 0 | 1 |
| $A_3=B_3$ | $A_2>B_2$ | × | × | × | × | × | 1 | 0 | 0 |
| $A_3=B_3$ | $A_2<B_2$ | × | × | × | × | × | 0 | 0 | 1 |
| $A_3=B_3$ | $A_2=B_2$ | $A_1>B_1$ | × | × | × | × | 1 | 0 | 0 |
| $A_3=B_3$ | $A_2=B_2$ | $A_1<B_1$ | × | × | × | × | 0 | 0 | 1 |
| $A_3=B_3$ | $A_2=B_2$ | $A_1=B_1$ | $A_0>B_0$ | × | × | × | 1 | 0 | 0 |

续表

| 输　入 | | | | 级联输入 | | | 输　出 | | |
|---|---|---|---|---|---|---|---|---|---|
| $A_3$、$B_3$ | $A_2$、$B_2$ | $A_1$、$B_1$ | $A_0$、$B_0$ | $I_{1>0}$ | $I_{1=0}$ | $I_{1<0}$ | $Y_{A>B}$ | $Y_{A=B}$ | $Y_{A<B}$ |
| $A_3=B_3$ | $A_2=B_2$ | $A_1=B_1$ | $A_0<B_0$ | × | × | × | 0 | 0 | 1 |
| $A_3=B_3$ | $A_2=B_2$ | $A_1=B_1$ | $A_0=B_0$ | 1 | 0 | 0 | 1 | 0 | 0 |
| $A_3=B_3$ | $A_2=B_2$ | $A_1=B_1$ | $A_0=B_0$ | 0 | 1 | 0 | 0 | 1 | 0 |
| $A_3=B_3$ | $A_2=B_2$ | $A_1=B_1$ | $A_0=B_0$ | 0 | 0 | 1 | 0 | 0 | 1 |

分析表 3-7 可知，4 位数值比较器的比较过程充分应用了两个数比较大小的规则，而且考虑了级联输入端的作用。有兴趣也可根据真值表写出逻辑表达式并设计出逻辑电路。

3．集成数值比较器及应用

74LS85 是常见的集成 4 位数值比较器，其工作原理和两位数值比较器相同。

其逻辑符号和引脚图如图 3-13 所示。

利用集成数值比较器的级联端可以扩展比较器的位数，多位的数值比较器可用于一些监测系统中。

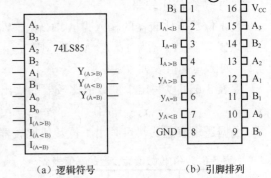

（a）逻辑符号　　　　　（b）引脚排列

图 3-13　4 位数值比较器 74LS85

*【例 3-2-1】　图 3-14 所示电路是利用数值比较器实现温度报警的电路。试分析其工作过程。

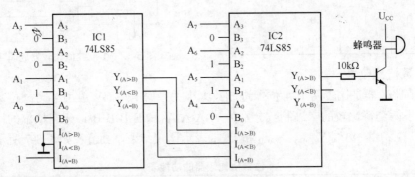

图 3-14　例 3-2-1 电路图

分析：温度报警器电路采用了两片级联的 74LS85 用作 8 位数值比较，数据输入端 A 连接输入的温度数据。（温度数据已由温度检测电路检测出来，并以 8 位二进制数输出到 $A_7A_6A_5A_4\,A_3A_2A_1A_0$。8 位二进制数的范围为 0～255，表示温度数值为 0℃～255℃）。

而数据输入端 B 接报警数值。B 输入端连接状态为“01100010”。二进制数 01100010 转换为十进制数为 98。即将从 A 端输入的温度数据与 B 端输入的 98 进行比较。

当 A 输入端数值大于 B 输入端的设定值时，数值比较器 IC2 的 A>B，输出端输出为“1”，晶体管饱和导通，蜂鸣器发出报警声音，故当检测温度大于 98℃时报警器报警。

改变 B 端的输入值的大小，就可以改变报警温度。

**思考：**

　　如何用两片 74LS85 组成 8 位数值比较器？

### 3.2.3 编码器

**1．编码器及其分类**

　　在数字电路中，用一串二进制数 0 和 1 表示某个特定的信息叫编码。如：8421BCD 码中用 1001 表示数字 9，"1001" 就是 "9" 的代码。

　　具有编码功能的逻辑电路叫编码器。因此，编码器必须具有将某个特定信息变换成相应的二进制代码的逻辑功能。由此可以设计出编码器的电路结构如图 3-15 所示，即编码器输入的是被编的信息，输出的是二进制代码。

　　编码器是用 $n$ 位二进制代码对 $N$ 个特定信息进行编码。$n$ 位二进制代码最多有 $2^n$ 种不同的状态，可以表示 $2^n$ 个信息。当 $N=2^n$ 时，是利用 $n$ 个输出变量的全部组合来表示 $N$ 个输入信息，这样的编码器叫完全编码器，也叫二进制编码器；当 $N<2^n$ 时，是利用 $n$ 个输出变量的部分组合来表示 $N$ 个输入信息，这样的编码器叫部分编码器。因此，编码器的输入变量数 $N$ 与输出变量数 $n$ 之间应满足 $N \leqslant 2^n$。

　　根据输入、输出线数的不同，也把编码器称为 $N$ 线—$n$ 线编码器。

　　如 4 线—2 线编码器：将输入的 4 个信息分别编成 4 个 2 位二进制代码输出；

　　如 8 线—3 线编码器：将输入的 8 个信息分别编成 8 个 3 位二进制代码输出；

　　如 10 线—4 线编码器（也叫 BCD 编码器）：将 10 个输入信息分别编成 10 个 4 位二进制码输出。

　　根据编码器是否允许同时几个输入请求编码即输入变量是否允许多个有效，编码器可分为普通编码器和优先编码器。

　　普通编码器：任何时候只允许一个编码输入信号有效，否则输出就会发生混乱。

　　优先编码器：允许同时几个编码输入信号有效。当同时输入几个有效编码信号时，优先编码器能按预先设定的优先级别，只对其中优先权最高的一个进行编码。

**2．普通编码器**

　　以 8 线—3 线编码器为例说明普通编码器的工作原理。其逻辑符号如图 3-16 所示。

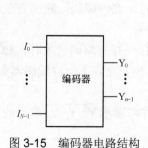

图 3-15　编码器电路结构

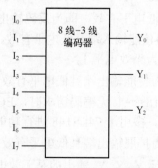

图 3-16　8 线—3 线编码器逻辑符号

真值表如表 3-8 所示。

表 3-8　　　　　　　　　　　　8 线—3 线编码器的真值表

| 输　入 | | | | | | | | 输　出 | | |
| --- | --- | --- | --- | --- | --- | --- | --- | --- | --- | --- |
| $I_0$ | $I_1$ | $I_2$ | $I_3$ | $I_4$ | $I_5$ | $I_6$ | $I_7$ | $Y_2$ | $Y_1$ | $Y_0$ |
| 1 | 0 | 0 | 0 | 0 | 0 | 0 | 0 | 0 | 0 | 0 |
| 0 | 1 | 0 | 0 | 0 | 0 | 0 | 0 | 0 | 0 | 1 |
| 0 | 0 | 1 | 0 | 0 | 0 | 0 | 0 | 0 | 1 | 0 |
| 0 | 0 | 0 | 1 | 0 | 0 | 0 | 0 | 0 | 1 | 1 |
| 0 | 0 | 0 | 0 | 1 | 0 | 0 | 0 | 1 | 0 | 0 |
| 0 | 0 | 0 | 0 | 0 | 1 | 0 | 0 | 1 | 0 | 1 |
| 0 | 0 | 0 | 0 | 0 | 0 | 1 | 0 | 1 | 1 | 0 |
| 0 | 0 | 0 | 0 | 0 | 0 | 0 | 1 | 1 | 1 | 1 |

　　分析逻辑符号和真值表可知，输入变量 $I_0 \sim I_7$ 表示 8 路输入信号且高电平有效，任意时刻只有一个有效。输出为 3 位二进制代码 $Y_2Y_1Y_0$，且为原码。

　　根据实际需要，编码输入也可以是低电平有效，输出可以是反码。

　　3．优先编码器

　　普通编码器每次只允许输入一个有效信号，而实际应用中可能出现多个输入信号同时有效的情况，如计算机中有许多设备，会有多台设备同时向主机请求编码，这就要求主机能识别这些请求的优先级别，然后按一定次序进行编码，所以实际应用中以优先编码器为多。

　　图 3-17 是集成的 8 线—3 线优先编码器 74LS148 的逻辑符号及引脚图。

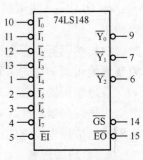

图 3-17　74LS148 逻辑符号及外部引脚图

　　（1）输入变量 $\overline{I}_7 \sim \overline{I}_0$ 为低电平有效，且允许同时多个有效，但 $\overline{I}_7$ 的优先权最高，$\overline{I}_0$ 的优先权最低，即当 $\overline{I}_7=0$ 时，无论其他输入端有无输入信号（表中以×表示），电路只对 $\overline{I}_7$ 编码；$\overline{Y}_2\ \overline{Y}_1\ \overline{Y}_0$ 为编码输出端，低电平有效，即为反码输出。

　　（2）$\overline{EI}$ 为使能输入端且低电平有效，即当 $\overline{EI}=0$ 时，允许编码，输出有效码；否则禁止编码，输出均为无效电平 1。

　　（3）$\overline{EO}$ 为使能输出端且低电平有效，当 $\overline{EI}=0$ 且 $\overline{I}_7 \sim \overline{I}_0$ 有编码请求时，$\overline{EO}=1$ 为无效输出；当 $\overline{EI}=0$ 且 $\overline{I}_7 \sim \overline{I}_0$ 无编码请求时，$\overline{EO}=0$ 为有效输出，允许下一片编码器编码。所以 $\overline{EO}$ 为扩展输出端，多用于 74LS148 进行功能扩展。

　　（4）$\overline{GS}$ 为扩展输出端且低电平有效，当 $\overline{GS}=0$ 时，表示 $\overline{Y}_2\ \overline{Y}_1\ \overline{Y}_0$ 输出的是有效码，当 $\overline{GS}=1$ 时，表示 $\overline{Y}_2\ \overline{Y}_1\ \overline{Y}_0$ 输出的是无效电平。

　　74LS148 的真值表如表 3-9 所示。

表 3-9　　　　　　　　　　　　8 线—3 线优先编码器 74LS148 真值表

| 输　　入 | | | | | | | | | 输　　出 | | | | |
| --- | --- | --- | --- | --- | --- | --- | --- | --- | --- | --- | --- | --- | --- |
| $\overline{EI}$ | $\overline{I}_0$ | $\overline{I}_1$ | $\overline{I}_2$ | $\overline{I}_3$ | $\overline{I}_4$ | $\overline{I}_5$ | $\overline{I}_6$ | $\overline{I}_7$ | $\overline{Y}_2$ | $\overline{Y}_1$ | $\overline{Y}_0$ | $\overline{EO}$ | $\overline{GS}$ |
| 1 | × | × | × | × | × | × | × | × | 1 | 1 | 1 | 1 | 1 |
| 0 | 1 | 1 | 1 | 1 | 1 | 1 | 1 | 1 | 1 | 1 | 1 | 0 | 1 |
| 0 | × | × | × | × | × | × | × | 0 | 0 | 0 | 0 | 1 | 0 |
| 0 | × | × | × | × | × | × | 0 | 1 | 0 | 0 | 1 | 1 | 0 |
| 0 | × | × | × | × | × | 0 | 1 | 1 | 0 | 1 | 0 | 1 | 0 |
| 0 | × | × | × | × | 0 | 1 | 1 | 1 | 0 | 1 | 1 | 1 | 0 |
| 0 | × | × | × | 0 | 1 | 1 | 1 | 1 | 1 | 0 | 0 | 1 | 0 |
| 0 | × | × | 0 | 1 | 1 | 1 | 1 | 1 | 1 | 0 | 1 | 1 | 0 |
| 0 | × | 0 | 1 | 1 | 1 | 1 | 1 | 1 | 1 | 1 | 0 | 1 | 0 |
| 0 | 0 | 1 | 1 | 1 | 1 | 1 | 1 | 1 | 1 | 1 | 1 | 1 | 0 |

在常用的优先编码器中，除二进制编码器外，也有二—十进制编码器。74LS147 为集成二—十进制优先编码器，它能将 $\overline{I}_9 \sim \overline{I}_0$ 十个输入信号编制成 4 位 842IBCD 码输出。在 10 个输入信号中，$\overline{I}_9$ 的优先级别最高，$\overline{I}_0$ 的优先级别最低，输入低电平有效，输出为 842IBCD 码的反码。

*4. 编码器的应用

利用 74LS148 的三个辅助控制端 $\overline{EI}$、$\overline{EO}$、$\overline{GS}$ 可以实现编码器的功能扩展。图 3-18 为使用 2 片 74LS148 扩展为 16 线-4 线优先编码器的应用方法。

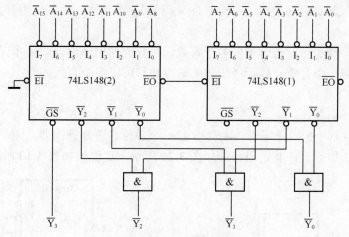

图 3-18　16 线—4 线优先编码器

因高位片 2 的 $\overline{EI}$ 接地，故其能正常编码。若 8 个输入端中有 1 个有效，则 $\overline{EO}$ 端输出为 "1"，使低位片无使能条件，因此高位片 2 比低位片 1 的优先级别高，此时 $\overline{Y}_2\,\overline{Y}_1\,\overline{Y}_0$ 为高位片 2 的编码输出，$\overline{Y}_3$ =0，即输出 4 位二进制数的高位为 "0"，低 3 位取决于高位片 2 的输入。当高位片 2 的输入端无输入时（8 个输入端全为 "1"），高位片 2 的 $\overline{EO}$ = "0"，使得低位片 1 满足使能条件，可以正常编码，输出 $\overline{Y_3}$ =1（高位片的 $\overline{GS}$ = "1"）， $\overline{Y_2}\ \overline{Y_1}\ \overline{Y_0}$ 为低位片 1 的编码输出。

从外部连接的逻辑关系来看，两片 74LS148 与单片 74LS148 功能完全一致，只是输入为 16 线，输出为 4 线。

---

**思考：**

1. 将十进制数 0～9 编成二进制代码的电路叫二—十进制编码器，也叫 BCD 编码器，其中最常用的是 8421BCD 编码器，试画出普通 8421BCD 编码器的逻辑结构并列出其真值表。

2. 二—十进制优先编码器与普通 8421BCD 编码器功能上有何区别？

---

### 3.2.4 译码器

**1. 译码器的概念及结构**

译码是编码的逆过程，即将某个二进制代码翻译成特定的信息就是译码。

具有译码功能的逻辑电路称为译码器。因此，译码器必须具有将某个二进制代码转换成特定信息的逻辑功能。由此可以设计出译码器的电路结构如图 3-19 所示，即译码器输入的是二进制代码，输出的是某个特定的信息。

**2. 译码器的分类**

（1）译码器输入的是 $n$ 位二进制代码，有 $2^n$ 种状态；输出为 $N$ 个与输入代码一一对应的高、低电平信号。若 $N=2^n$，则译码器为完全译码器，也叫二进制译码器；若 $N<2^n$，则译码器为部分译码器。

（2）根据输入、输出线数的不同，也把译码器称为 $n$ 线—$N$ 线译码器。

如 2 线—4 线译码器：将输入的 2 位二进制代码分别译成 4 个信息输出；

如 3 线—8 线译码器：将输入的 3 位二进制代码分别译成 8 个信息输出；

如 4 线—10 线译码器（也叫二—十进制译码器）：将 4 位二进制代码分别译成 10 个信息输出。

（3）根据译码器的输出是否可以多个有效，可分为通用译码器和显示译码器。通用译码器的输出同时只能一个有效；显示译码器的输出同时可以多个有效。

**3. 译码器的工作原理**

（1）二进制译码器

常用的集成 3 线—8 线译码器 74LS138 是一个 3 位二进制译码器，应用很广。以此为例来说明译码器的工作原理。其逻辑符号如图 3-20 所示，真值表如表 3-10 所示。

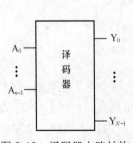

图 3-19 译码器电路结构

图 3-20 74LS138 逻辑符号

表 3-10　　　　　　　　　　　74LS138 真值表

| 输　入 | | | | | | 输　出 | | | | | | | |
|---|---|---|---|---|---|---|---|---|---|---|---|---|---|
| GA | $\overline{GB_1}$ | $\overline{GB_2}$ | $A_2$ | $A_1$ | $A_0$ | $\overline{Y_0}$ | $\overline{Y_1}$ | $\overline{Y_2}$ | $\overline{Y_3}$ | $\overline{Y_4}$ | $\overline{Y_5}$ | $\overline{Y_6}$ | $\overline{Y_7}$ |
| 0 | × | × | × | × | × | 1 | 1 | 1 | 1 | 1 | 1 | 1 | 1 |
| × | 1 | × | × | × | × | 1 | 1 | 1 | 1 | 1 | 1 | 1 | 1 |
| × | × | 1 | × | × | × | 1 | 1 | 1 | 1 | 1 | 1 | 1 | 1 |
| 1 | 0 | 0 | 0 | 0 | 0 | 0 | 1 | 1 | 1 | 1 | 1 | 1 | 1 |
| 1 | 0 | 0 | 0 | 0 | 1 | 1 | 0 | 1 | 1 | 1 | 1 | 1 | 1 |
| 1 | 0 | 0 | 0 | 1 | 0 | 1 | 1 | 0 | 1 | 1 | 1 | 1 | 1 |
| 1 | 0 | 0 | 0 | 1 | 1 | 1 | 1 | 1 | 0 | 1 | 1 | 1 | 1 |
| 1 | 0 | 0 | 1 | 0 | 0 | 1 | 1 | 1 | 1 | 0 | 1 | 1 | 1 |
| 1 | 0 | 0 | 1 | 0 | 1 | 1 | 1 | 1 | 1 | 1 | 0 | 1 | 1 |
| 1 | 0 | 0 | 1 | 1 | 0 | 1 | 1 | 1 | 1 | 1 | 1 | 0 | 1 |
| 1 | 0 | 0 | 1 | 1 | 1 | 1 | 1 | 1 | 1 | 1 | 1 | 1 | 0 |

通过分析逻辑符号和真值表可知。

① $A_2A_1A_0$ 为二进制代码输入端，有 8 种输入状态且为原码输入；$\overline{Y_7} \sim \overline{Y_0}$ 为输出端，低电平有效；GA、$\overline{GB_1}$、$\overline{GB_2}$ 为三个使能端，GA 为高电平有效，$\overline{GB_1}$、$\overline{GB_2}$ 为低电平有效。

② 当三个使能端只要有一个无效，译码器都不工作，输出全为无效电平"1"；当 3 个使能端都有效时，译码器正常工作，每输入一个代码，将使相应的一个输出端为有效电平"0"，其余的输出为无效电平"1"。

（2）二—十进制译码器

二—十进制译码器是将 4 位二进制码（BCD 码）翻译成一位十进制数码的译码器。集成的 74LS42 就是一个常用的二—十进制译码器，其真值表如表 3-11 所示。

表 3-11　　　　　　　　　　74LS42 译码器真值表

| 十进制数 | 输　入 | | | | 输　出 | | | | | | | | | |
|---|---|---|---|---|---|---|---|---|---|---|---|---|---|---|
| | $A_3$ | $A_2$ | $A_2$ | $A_0$ | $\overline{Y_0}$ | $\overline{Y_1}$ | $\overline{Y_2}$ | $\overline{Y_3}$ | $\overline{Y_4}$ | $\overline{Y_5}$ | $\overline{Y_6}$ | $\overline{Y_7}$ | $\overline{Y_8}$ | $\overline{Y_9}$ |
| 0 | 0 | 0 | 0 | 0 | 0 | 1 | 1 | 1 | 1 | 1 | 1 | 1 | 1 | 1 |
| 1 | 0 | 0 | 0 | 1 | 1 | 0 | 1 | 1 | 1 | 1 | 1 | 1 | 1 | 1 |
| 2 | 0 | 0 | 1 | 0 | 1 | 1 | 0 | 1 | 1 | 1 | 1 | 1 | 1 | 1 |
| 3 | 0 | 0 | 1 | 1 | 1 | 1 | 1 | 0 | 1 | 1 | 1 | 1 | 1 | 1 |
| 4 | 0 | 1 | 0 | 0 | 1 | 1 | 1 | 1 | 0 | 1 | 1 | 1 | 1 | 1 |
| 5 | 0 | 1 | 0 | 1 | 1 | 1 | 1 | 1 | 1 | 0 | 1 | 1 | 1 | 1 |
| 6 | 0 | 1 | 1 | 0 | 1 | 1 | 1 | 1 | 1 | 1 | 0 | 1 | 1 | 1 |
| 7 | 0 | 1 | 1 | 1 | 1 | 1 | 1 | 1 | 1 | 1 | 1 | 0 | 1 | 1 |

续表

| 十进制数 | 输入 | | | | 输出 | | | | | | | | | |
|---|---|---|---|---|---|---|---|---|---|---|---|---|---|---|
| | $A_3$ | $A_2$ | $A_2$ | $A_0$ | $\overline{Y_0}$ | $\overline{Y_1}$ | $\overline{Y_2}$ | $\overline{Y_3}$ | $\overline{Y_4}$ | $\overline{Y_5}$ | $\overline{Y_6}$ | $\overline{Y_7}$ | $\overline{Y_8}$ | $\overline{Y_9}$ |
| 8 | 1 | 0 | 0 | 0 | 1 | 1 | 1 | 1 | 1 | 1 | 1 | 1 | 0 | 1 |
| 9 | 1 | 0 | 0 | 1 | 1 | 1 | 1 | 1 | 1 | 1 | 1 | 1 | 1 | 0 |
| 伪码 | 1 | 0 | 1 | 0 | 1 | 1 | 1 | 1 | 1 | 1 | 1 | 1 | 1 | 1 |
| | 1 | 0 | 1 | 1 | 1 | 1 | 1 | 1 | 1 | 1 | 1 | 1 | 1 | 1 |
| | 1 | 1 | 0 | 0 | 1 | 1 | 1 | 1 | 1 | 1 | 1 | 1 | 1 | 1 |
| | 1 | 1 | 0 | 1 | 1 | 1 | 1 | 1 | 1 | 1 | 1 | 1 | 1 | 1 |
| | 1 | 1 | 1 | 0 | 1 | 1 | 1 | 1 | 1 | 1 | 1 | 1 | 1 | 1 |
| | 1 | 1 | 1 | 1 | 1 | 1 | 1 | 1 | 1 | 1 | 1 | 1 | 1 | 1 |

分析真值表可知，该译码器有 4 个输入端 $A_3 \sim A_0$，输入的是 8421BCD 码；有 10 个输出端 $\overline{Y_0} \sim \overline{Y_9}$，分别与十进制数 0～9 对应，低电平有效。当某个 8421BCD 码输入时，相应的输出端为低电平，其余的为高电平，即每个代码输入时都有唯一的一个输出端为有效输出，其余为无效输出。当输入的是 8421BCD 码以外的伪码时，输出全为高电平，即译码器具有拒绝伪码输入的功能。

（3）显示译码器

以上译码器的一个共同特点就是当输入某个代码时，输出端只有一个有效，这个结果可以用亮灯的形式显示出来。如用发光二级管（LED）以适当的方式分别接到译码器的输出端，当哪个输出端为有效电平时，所连接的二极管就发光，从而判断出输入的是哪个代码。但这种显示方式并不直观。如 74LS42 译码器，若用 10 只发光二级管接到译码器的输出端，当输入 0～9 中的某个二进制代码时，只是由对应输出端所连接的二极管发光来显示。如果能直接以十进制数 0～9 的数码形式显示出来就能一目了然，为此需要用到显示电路。

显示电路一般由译码器、驱动器和显示器组成，其中将译码器和驱动器制作在一块芯片上就构成显示译码器，它的输入是 BCD 码，输出信号用于驱动显示器显示相应的十进制数码。

① 显示器

显示器就是能显示数码、文字、符号的器件。目前常用的能显示数码 0～9 的器件是七段字符显示器，也叫七段数码显示器。图 3-21 是由发光二级管组成的 7 段字符显示器示意图。它是由 a～g 7 个笔画组成，每个笔画都接有一个发光二级管，利用二极管发光显示出笔画。

七段显示器有共阴极和共阳极两种接法。如图 3-22 所示。

当共阴极接法时，若需某段发光，则需使该段（a～g）接高电平；当共阳极接法时，若需某段发光，则需使该段（a～g）接低电平。利用不同笔画组合发光可以显示 0～9 共 10 个数字，到底显示哪个数字就要由显示译码器来驱动控制。

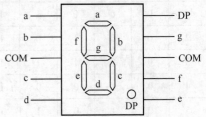

图 3-21　七段字符显示器

② 显示译码器

显示译码器是将输入的二进制代码转换成相应的输出信号（高、低电平），去驱动七段显示器显示相应的数字。因此它要有 4 个输入端来接收 10 个 BCD 码，要有 7 个输出端去驱动七段显示器中的某些段发光以显示 0～9 10 个数字。

集成的 74LS48 是常用的显示译码器之一。图 3-23 为 74LS48 的逻辑符号，其逻辑功能如表 3-12 所示。

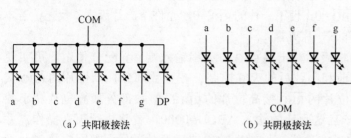

（a）共阳极接法　　　（b）共阴极接法

图 3-22　发光二级管的接法

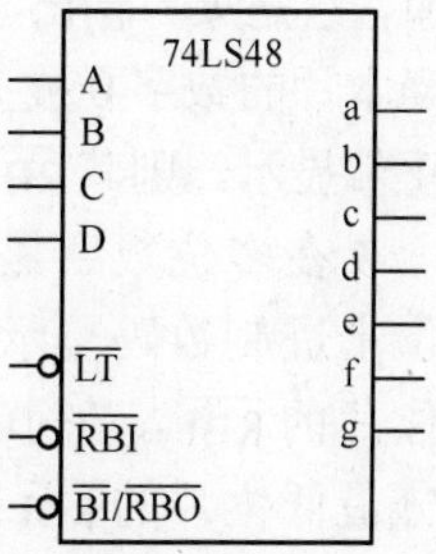

图 3-23　74LS48 逻辑符号

表 3-12　　　　　　　　　　　　　74LS48 译码器真值表

| 功能 | 输入 | | | $\overline{BI}/\overline{RBO}$ | 输出 | 显示字形 |
|---|---|---|---|---|---|---|
| | $\overline{LT}$ | $\overline{RBI}$ | A B C D | | abcdefg | |
| 0 | 1 | 1 | 0 0 0 0 | 1 | 1111110 | 0 |
| 1 | 1 | × | 0 0 0 1 | 1 | 0110000 | 1 |
| 2 | 1 | × | 0 0 1 0 | 1 | 1101101 | 2 |
| 3 | 1 | × | 0 0 1 1 | 1 | 1111001 | 3 |
| 4 | 1 | × | 0 1 0 0 | 1 | 0110011 | 4 |
| 5 | 1 | × | 0 1 0 1 | 1 | 1011011 | 5 |
| 6 | 1 | × | 0 1 1 0 | 1 | 0011111 | 6 |
| 7 | 1 | × | 0 1 1 1 | 1 | 1110000 | 7 |
| 8 | 1 | × | 1 0 0 0 | 1 | 1111111 | 8 |
| 9 | 1 | × | 1 0 0 1 | 1 | 1110011 | 9 |
| 消隐 | × | × | × × × × | 0 | 0000000 | 全灭 |
| 灭零 | 1 | 0 | 0 0 0 0 | 0 | 0000000 | 全灭 |
| 试灯 | 0 | × | × × × × | 1 | 1111111 | 全亮 |

74LS48 的基本逻辑功能如下。

输入端 A、B、C、D，A 为高位，输入 4 位 BCD 码，原码输入；输出端 a～g 驱动 7 段显示器的 a～g 输入端，高电平有效，可根据输入码驱动共阴极的七段显示器显示相应字形。

试灯输入 $\overline{LT}$，低电平有效。当 $\overline{LT}$ =0，$\overline{BI}/\overline{RBO}$ =1 时，此时无论其他输入端是什么状态，所有各段输出 a～g 均为 1，显示字形 8。用来测试各发光段能否正常发光。

灭零输入$\overline{RBI}$，低电平有效。当$\overline{RBI}$=0 时，若 ABCD=0000，则所有光段熄灭，用以灭掉不必要的 0。如显示多位数字时，整数最前面的 0 和小数最后面的 0 不用显示，就可通过使对应位的$\overline{RBI}$=0 而不显示 0，从而灭掉多余的 0。

$\overline{BI}/\overline{RBO}$ 为消隐输入/灭零输出端，低电平有效，一个端子，两个作用，既可作输入端也可作输出端。作输入端子用时，它是消隐输入，即当$\overline{BI}$=0 时，不论其他输入端子状态如何，输出全为无效电平，显示器的 7 个光段全熄灭（一般单片译码器作输入端子用）。作输出端子用时，它是灭零输出，要与下一片译码芯片的灭零输入$\overline{RBI}$连接，控制下一片的 0 是否灭掉，即当本片的数字 0 被灭掉后，其$\overline{RBO}$=0，使下一片的$\overline{RBI}$=0，允许下一片灭零；反之，若本片正常显示，则其$\overline{RBO}$=1，不允许下一片灭零。

*在多位数字显示系统中，将灭零输出端$\overline{RBO}$与灭零输入端$\overline{RBI}$配合使用，可实现多位十进制数码显示系统的整数前和小数后的灭零控制。在整数部分，高位片的$\overline{RBO}$接低位片的$\overline{RBI}$，在小数部分，低位片的$\overline{RBO}$接高位片的$\overline{RBI}$；整数部分最高位片和小数部分最低位片的$\overline{RBI}$固定接 0，一旦这两片的输入 ABCD=0000，就将进行灭零操作，并使本片的$\overline{RBO}$=0，开启相邻片的灭零功能；一般小数点前后两片的$\overline{RBI}$都固定接 1，不允许灭零。

4．译码器的应用

【例 3-2-2】 广告中常用霓虹灯的旋转显示以增强视觉效果。用译码器和各种颜色的发光二级管再加一些辅助电路可实现这一功能。

分析：将 LED 排成圆形图案，用译码器来控制其按一定顺序依次发光，就可形成旋转效果。根据译码器输出端子数可以确定用几个 LED 构成圆形。若选择 4 线—16 线的译码器控制 LED 发光，可将 16 个 LED 排成一个圆形。图 3-24 所示为实现旋转灯光的逻辑图。

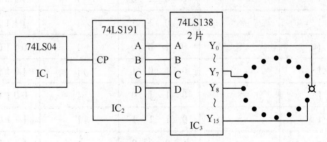

图 3-24 旋转灯光电路

图中 $IC_1$ 为时钟脉冲发生器，产生频率可调的时钟脉冲。$IC_2$ 为十六进制加计数器，输出为 4 位二进制数，CP 端每接收一个时钟脉冲，输出的二进制数就加 1，计满 16 个数后又回零，重新开始计数，输出状态从 0000～1111 不断重复。$IC_3$ 是由 2 片 3 线—8 线译码器 74LS138 组成的 4 线—16 线译码器，其输入端接收从计数器传来的 4 位二进制数码信号，16 个输出端分别接 16 个 LED。由于输入的信号从 0000～1111，根据译码器的工作原理，输出就从 $Y_0$～$Y_{15}$ 顺序输出有效电平，使 LED 轮流发光，形成灯光的移动。按图中 $IC_3$ 的输出与 LED 的连接方式，将形成逆时针旋转的灯光效果。改变脉冲发生器的信号频率，就可改变灯光旋转的速度。$IC_3$ 输出为低电平有效，故要接共阳极的数码显示器。

想一想，如何改变灯光的旋转方向？

**思考：**

1. 试用两片 74LS138 构成 4 线—16 线译码器，画出连线图。
2. 用集成的 74LS48 驱动七段显示器，画出连线图。
3. 试用 74LS48 和七段显示器实现多位数码显示系统（4 位整数，3 位小数）。

### 3.2.5　数据选择器

在数字系统中，通常需要从多路数据中选择一路进行传输，实现这种功能的电路称为数据选择器。

1. 数据选择器的概念及其分类

数据选择器是能根据输入的地址选择信号，从多路（一组）输入数据中选择一路输出的电路，它是一个多输入、单输出的组合逻辑电路，其作用相当于一个单刀多掷开关。其功能示意图如图 3-25 所示。由此可设计出其电路结构框图如图 3-26 所示。

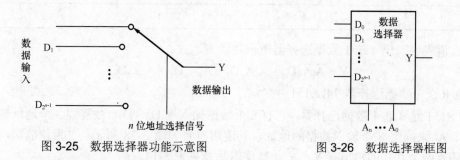

图 3-25　数据选择器功能示意图　　　　图 3-26　数据选择器框图

根据输入数据的路数不同，数据选择器可分为 4 选 1、8 选 1 和 16 选 1 数据选择器。

2. 数据选择器的工作原理

（1）4 选 1 数据选择器 74LS153

74LS153 是双 4 选 1 数据选择器，即一片芯片上集成了两个相同的 4 选 1 数据选择器。其逻辑符号及引脚排列如图 3-27 所示。

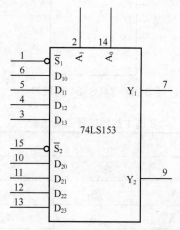

图 3-27　74LS153 逻辑符号及引脚排列

图中，$D_0 \sim D_3$ 为 4 个数据输入端，Y 为数据输出端，$A_1$、$A_0$ 为地址输入端，$\overline{S}$ 为使能端，低电平有效。当 $\overline{S}=1$ 时，数据选择器不工作，输入数据被封锁，输出 $Y=0$。当 $\overline{S}=0$ 时，数据选择器正常工作，根据地址输入码的不同，从 $D_0 \sim D_3$ 中选择相应数据输出，使 $Y=D$。如果地址码 $A_1$、$A_0$ 依次改变，由 $00 \to 01 \to 10 \to 11$，则输出端将依次输出 $D_{10} \sim D_{13}$，这样就可将并行输入的代码变为串行输出的代码。这也是数据选择器的作用之一。

根据对 4 选 1 数据选择器逻辑功能的要求，可列出其真值表如表 3-13 所示。

表 3-13                      4 选 1 数据选择器真值表

| 使 能 | 地 址 输 入 | | 输 出 |
|:---:|:---:|:---:|:---:|
| $\overline{S}$ | $A_1$ | $A_0$ | Y |
| 1 | X | X | 0 |
| 0 | 0 | 0 | $D_0$ |
| 0 | 0 | 1 | $D_1$ |
| 0 | 1 | 0 | $D_2$ |
| 0 | 1 | 1 | $D_3$ |

由真值表可写出 4 选 1 数据选择器逻辑功能表达式：

$$Y = \overline{A}_1\overline{A}_0 D_0 + \overline{A}_1 A_0 D_1 + A_1\overline{A}_0 D_2 + A_1 A_0 D_3$$

（2）8 选 1 数据选择器 74LS151

74LS151 是 8 选 1 数据选择器，它有 8 个数据输入端 $D_0 \sim D_7$，故需要 3 个地址输入信号 $A_2$、$A_1$、$A_0$ 来确定 8 个输入数据的地址。其逻辑符号如图 3-28 所示。$\overline{S}$ 为使能端，低电平有效；还有两个互补的输出端 Y、$\overline{Y}$。其逻辑功能见表 3-14。

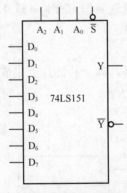

图 3-28   74LS151 逻辑符号

表 3-14                      8 选 1 数据选择器真值表

| 输 入 | | | | 输 出 |
|:---:|:---:|:---:|:---:|:---:|
| 使 能 | 地 址 | | | Y |
| $\overline{S}$ | $A_2$ | $A_1$ | $A_0$ | Y |
| 1 | X | X | X | 0 |
| 0 | 0 | 0 | 0 | $D_0$ |

续表

| 输 入 | | | | 输 出 |
|---|---|---|---|---|
| 使　能 | 地　　址 | | | |
| 0 | 0 | 0 | 1 | $D_1$ |
| 0 | 0 | 1 | 0 | $D_2$ |
| 0 | 0 | 1 | 1 | $D_3$ |
| 0 | 1 | 0 | 0 | $D_4$ |
| 0 | 1 | 0 | 1 | $D_5$ |
| 0 | 1 | 1 | 0 | $D_6$ |
| 0 | 1 | 1 | 1 | $D_7$ |

当 $\overline{S}=0$ 时，其逻辑功能表达式：

$$Y = \overline{A}_2\overline{A}_1\overline{A}_0D_0 + \overline{A}_2\overline{A}_1A_0D_1 + \overline{A}_2A_1\overline{A}_0D_2 + \overline{A}_2A_1A_0D_3 + A_2\overline{A}_1\overline{A}_0D_4 +$$
$$A_2\overline{A}_1A_0D_5 + A_2A_1\overline{A}_0D_6 + A_2A_1A_0D_7$$

3．数据选择器的应用

在数字系统中，数据选择器以其使用灵活方便、开发性强等特点，应用较为广泛。

（1）数据选择器的功能扩展

当所需传输的数据个数多于单片数据选择器的输入个数时，可将几片数据选择器级联起来，通过使能端和外加辅助门电路来实现通道数的扩展。

如用两个 4 选 1 数据选择器（1 片 74LS153）通过级联，可以构成 8 选 1 的数据选择器。其连线图如图 3-29 所示。

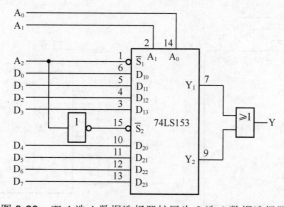

图 3-29　双 4 选 1 数据选择器扩展为 8 选 1 数据选择器

两个 4 选 1 数据选择器，有 8 个数据输入端，输入端够用。为了能选定 8 个输入数据中的任何一个，必须用 3 位地址输入代码（$2^3$=8 种组合），而 4 选 1 数据选择器的地址输入代码只有两位，第三位地址输入端只能借用使能端。

用使能端当作一个地址输入端和 4 选 1 数据选择器中的两个地址输入端一起构成 3 个地址输入端，控制选择 8 个输入数据。当 $A_2$=0 时，选中第一块 4 选 1 数据选择器，根据地址输入 $A_1$ $A_0$ 的组合，从 $D_0 \sim D_3$ 中选一路数据输出；当 $A_2$=1 时，选中第二块，根据 $A_1$ $A_0$ 的组合，从 $D_4 \sim D_7$ 中选一路数据输出，实现 8 选 1 的功能。

（2）用数据选择器实现逻辑函数

数据选择器除了能传送数据外，还能方便、有效地实现逻辑函数。

分析数据选择器的逻辑表达式可知，输出变量 Y 是地址变量的全部最小项与对应的输入数据 $D_i$ 的标准与或表达式。当 $D_i=1$ 时，其对应的最小项就存在于与或表达式中；当 $D_i=0$ 时，其对应的最小项就不在与或表达式中出现。而任何逻辑函数都可以用标准与或式来表示，即都可以写成唯一的最小项之和表达式。因此，从原理上讲，应用对照比较的方法，用数据选择器可以不受限制地实现任何逻辑函数。即将要实现的逻辑函数与数据选择器的输出表达式进行对比，设定变量输入，并将数据选择器的数据输入端适当连接而成。下面分两种情况说明。

① 逻辑函数的变量数等于数据选择器的地址输入端子数。

【例 3-2-3】 用 8 选 1 数据选择器实现逻辑函数：$F = \overline{A}\,\overline{B}\,\overline{C} + \overline{A}BC + A\overline{B}\,\overline{C} + AB\overline{C} + ABC$。

分析：逻辑函数为 3 变量函数，8 选 1 数据选择器有 3 个地址输入端，故可以直接利用数据选择器的 3 个地址端作为逻辑函数的变量输入。

**解：** a. 逻辑函数已是最小项之和表达式：$F = \overline{A}\,\overline{B}\,\overline{C} + \overline{A}BC + A\overline{B}\,\overline{C} + AB\overline{C} + ABC$。

b. 8 选 1 数据选择器当 $\overline{S}=0$ 时，输出逻辑表达式为：

$$Y = \overline{A}_2\overline{A}_1\overline{A}_0 D_0 + \overline{A}_2\overline{A}_1 A_0 D_1 + \overline{A}_2 A_1 \overline{A}_0 D_2 + \overline{A}_2 A_1 A_0 D_3 + A_2 \overline{A}_1 \overline{A}_0 D_4 + A_2 \overline{A}_1 A_0 D_5 +$$
$$A_2 A_1 \overline{A}_0 D_6 + A_2 A_1 A_0 D_7$$

c. 要想用数据选择器实现逻辑函数，必须 Y=F，对照上面两式，设定 $A_2=A$，$A_1=B$，$A_0=C$，则 $D_0=D_3=D_5=D_6=D_7=1$ 且 $D_1=D_2=D_4=0$。

d. 将数据选择器输入端采用置 1、置 0 方法，即可画出所要实现的逻辑函数的逻辑图如图 3-30（a）所示。

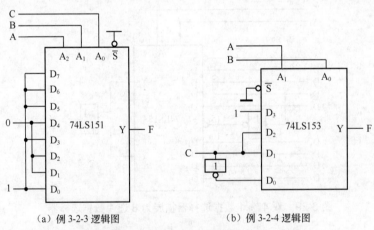

（a）例 3-2-3 逻辑图　　　　（b）例 3-2-4 逻辑图

图 3-30　用数据选择器实现逻辑函数示意图

② 逻辑函数的变量数多于数据选择器的地址输入端子数。

【例 3-2-4】 用双 4 选 1 数据选择器 74LS153 实现逻辑函数。

$$F = \overline{A}\,\overline{B}\,\overline{C} + \overline{A}BC + A\overline{B}\,\overline{C} + AB\overline{C} + ABC$$

分析：逻辑函数为 3 变量函数，4 选 1 数据选择器只有 2 个地址输入端，用这两个地址端来表示逻辑函数的两个变量，函数中还有一个变量就用数据选择器的数据输入量来表示。

**解：** a. 逻辑函数已是最小项之和表达式：$F = \overline{A}\,\overline{B}\,\overline{C} + \overline{A}BC + A\overline{B}\,\overline{C} + AB\overline{C} + ABC$

b. 4 选 1 数据选择器当 $\overline{S}=0$ 时，输出逻辑表达式为

$$Y = \overline{A}_1\overline{A}_0D_0 + \overline{A}_1A_0D_1 + A_1\overline{A}_0D_2 + A_1A_0D_3$$

c. 要想用数据选择器实现逻辑函数，必须 Y=F，对照上面两式，设定 $A_1=A$，$A_0=B$，则

$$F = \overline{A}\,\overline{B}\,\overline{C} + \overline{A}BC + A\overline{B}\,\overline{C} + AB\overline{C} + ABC$$

$$= \overline{A}_1\overline{A}_0\overline{C} + \overline{A}_1A_0C + A_1\overline{A}_0\overline{C} + A_1A_0$$

再将上式与 4 选 1 数据选择器的输出逻辑表达式进行比较，找出数据选择器的数据输入量 $D_i$ 与逻辑函数的变量 C 之间的关系：

$$D_0=\overline{C}，\ D_1=D_2=C，\ D_3=1$$

d. 将数据选择器地址输入端和数据输入端与逻辑函数的 3 个变量按以上关系连接，即可画出所要实现的逻辑函数的逻辑图如图 3-30（b）所示。

③ 小结用数据选择器实现逻辑函数的步骤包括：

a. 将逻辑函数转换成最小项之和表达式 F；

b. 写出数据选择器当 $\overline{S}=0$ 时的输出逻辑表达式 Y；

c. 比较 F 与 Y 两式中的变量对应关系。

若函数的变量与选择器的地址输入量个数相同，就直接用 F 中的变量代替 Y 中的地址输入量，然后比较 Y 式和 F 式中的最小项，在 Y 式中找到 F 式中的最小项，令其对应的输入数据 $D_i=1$，F 式中没有的最小项其对应输入数据 $D_i=0$。

若函数的变量个数多于选择器的地址输入量个数，则函数的变量除了表示数据选择器的地址输入变量外，剩下的变量就作为数据选择器的数据输入变量处理。

d. 画出用数据选择器实现的逻辑函数的逻辑图。

---

**思考：**

1. 数据选择器的数据输入端个数与地址输入端个数有什么关系？

2. 用两片 74LS151 构成 16 选 1 数据选择器，画出连线图。

3. 用数据选择器实现 3 变量多数表决电路，画出连线图。

---

### 3.2.6　数据分配器

在数字系统中，经常需要将一路数据按要求分配到不同的输出通道上，实现这种逻辑功能的电路称为数据分配器，也称多路分配器。它是一个单输入、多输出的逻辑电路，相当于多输出的单刀多掷开关，与数据选择器的功能正好相反。其功能示意图如图 3-31 所示。

根据输出端的个数，数据分配器可分为 4 路分配器、8 路分配器、16 路分配器。其逻辑框图如图 3-32 所示。

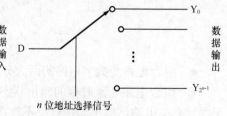

图 3-31　数据分配器功能示意图

在集成电路系列器件中没有专门的数据分配器，数据分配功能都是用译码器实现的。下面以 74LS138 实现 8 路分配器为例，说明其工作原理。其电路连接如图 3-33 所示。

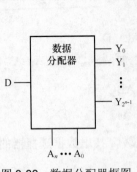

图 3-32 数据分配器框图

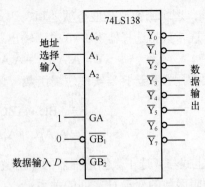

图 3-33 用 74LS138 作为数据分配器

译码输入作为数据分配器的 3 个地址选择输入端，控制输入信号送到哪个输出端。3 个使能端中任何一个都可作为数据的输入端 D，另两个使能端处于有效状态。译码输出作为 8 路数据输出。逻辑真值表见表 3-10。

此外，将数据选择器和数据分配器结合起来，可以实现多路数据的分时传送，以减少传输线的条数。用 8 选 1 数据选择器 74LS151 和译码器 74LS138 组合构成的分时传送电路如图 3-34 所示。

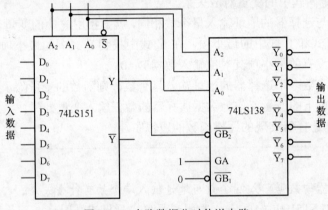

图 3-34 多路数据分时传送电路

从图中可以看出，数据从发送端到接收端只用了 4 根线，即 3 根地址线，1 根数据线。若不采用这两个器件而直接把 8 个数据从发送端传到接收端，则至少需要 8 根线，而且当输入数据增多时，这种连接所带来的节省更为显著。

# 本章小结

- 组合电路是数字电路的两大分支之一，本章的内容是本章课程的重点。
- 组合电路任意时刻的输出状态仅取决于该时刻的输入状态，而与该时刻之前的状态无关。它在电路结构上的特点是不存在任何存储元件，因此电路无记忆功能。它是以逻辑门电路为基本单元组成的。
- 组合电路的分析是根据已知的逻辑图，找出输出变量与输入变量的逻辑关系，从而确定电路的逻辑功能。

● 组合电路的设计是分析的逆过程，它是根据已知的逻辑功能设计出能够实现这个逻辑功能的逻辑图。

● 组合电路的种类很多，常见的有加法器、数值比较器、编码器、译码器、数据选择器和数据分配器等。本章对这些器件的结构、功能等外部特性进行了讨论，学习时要注意掌握它们的逻辑功能、各控制端的作用、连接方法及应用。

# 习题 3

1. 如题图 3-1 所示，试写出输出变量 $Y$ 的表达式，列出真值表，说明其逻辑功能。

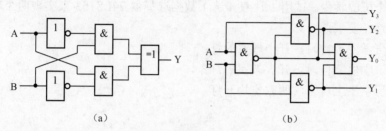

(a)　　　　　　　　　(b)

题图 3-1

2. 试用门电路实现具有如下功能的组合逻辑电路。

（1）3 变量判奇电路，要求三个输入变量中有奇数个为 1 时输出为 1，否则为 0。

（2）旅客列车分特快、直快和普快，并依此为优先通行次序。某站在同一时间只能有一趟列车从车站开出，即只能给出一个开车信号，试画出满足上述要求的逻辑电路。（提示：可先设 A、B、C 分别代表特快、直快、普快，开车信号分别为 $Y_A$、$Y_B$、$Y_C$；再给变量赋值；然后根据题意列出逻辑真值表。）

3. 如题图 3-2 所示是由两个半加器和一个或门电路构成的组合电路，试写出 $Y_1$、$Y_2$ 的逻辑表达式，列出真值表，并说明其逻辑功能。

4. 集成的 8 线—3 线优先编码器 74LS148 的输入 $\bar{I}_7$ — $\bar{I}_0$=11111000，试求其输出代码。

题图 3-2

5. 集成的 8 线—3 线优先编码器 74LS148 接成如题图 3-3 所示，试分析电路的逻辑功能。

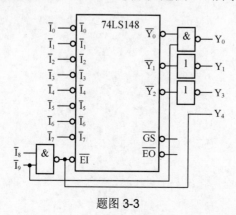

题图 3-3

6．根据译码器的逻辑功能要求，写出 3 线—8 线译码器的真值表。

7．试用两片 2 线—4 线译码器构成 3 线—8 线译码器，画出连线图。

8．用显示译码器和七段显示器组成两位 8421BCD 码的译码显示电路，画出连线图并标明器件型号。

9．分别用数据选择器 74LS151、74LS153 实现逻辑函数 Y=AB+BC+AC。

10．用数据选择器 74LS151 实现下列逻辑函数：

（1）$Y_1=ABC+\overline{A}\,B\,\overline{C}+AC+AB\overline{C}$

（2）$Y_2=\sum m$（0,2,5,7,8,10,13,15）

11．16 选 1 数据选择器有几位地址选择端？有 12 个输出端的分配器有几个地址输入端？

12．有 3 个班学生在一个大教室和一个小教室上自习，大教室能容纳两个班的学生，小教室能容纳一个班的学生。试用 1 片双 4 选 1 数据选择器 74LS153 来实现两个教室是否开灯的逻辑控制电路。要求：

（1）一个班学生上自习，开小教室的灯；

（2）两个班学生上自习，开大教室的灯；

（3）三个班学生上自习，两教室均开灯。

# 第4章 触 发 器

**本章导读** 前面介绍的由与门、或门、非门等基本逻辑门构成的组合逻辑电路是没有记忆功能的，而在数字系统中，除了需要能够进行逻辑运算和算术运算的组合逻辑电路外，还需要具有记忆功能的时序逻辑电路来实现对信号的逻辑运算和对运算结果的存储。触发器是一种能够存储信息、具有记忆功能的基本逻辑电路，是构成时序逻辑电路的基本逻辑单元，所以，本章开始学习触发器的相关知识。本章将在介绍触发器的基本结构的基础上，讨论各种触发器的外部结构，触发方式、逻辑功能及其描述方法，然后介绍几种触发器之间的相互转换。

**本章要求** 理解触发器的状态、现态、次态、同步等概念和输入信号、时钟信号对电路状态的影响；了解触发器的基本结构特点；掌握各种触发器的逻辑符号、逻辑功能和描述方法；熟悉几种触发器之间的相互转换。

## 4.1 触发器概述

1．触发器的功能特点

触发器是一种能够存储数字信息、具有记忆功能的基本逻辑电路。它能够记忆一位二进制代码 0 或 1。因而触发器应该具有以下特点。

（1）有两个稳定状态（简称稳态）："0"状态和"1"状态，分别表示数码 0 和 1。

（2）两个状态可以相互转换，即在有效的输入信号作用下，触发器可以从一种稳态翻转成另一种稳态。

（3）具有记忆功能，即当有效的输入信号消失后，触发器能保持新的稳态不变。

2．触发器的电路组成

触发器也是由基本门电路组成的，只是在电路内部信号的传输除了有输入到输出的传输外，还有输出到输入的反馈。从外部结构看，有一个或多个输入端，两个互补的输出端。其结构框图如图 4-1 所示。

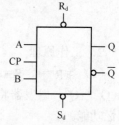

图 4-1 触发器结构框图

图中 A、B 是触发器信号输入端，不同的触发器有不同的名称，输入端可以是一个或几个。从输入端输入的信号也叫触发信号；CP 为时钟控制端，由触发器的类型决定是否具有这个端子。$R_d$、$S_d$ 是触发器初始状态设置端，也叫直接置 0、直接置 1 端，可以高电平或低电平有效（此处是低电平有效）。

Q 和 $\overline{Q}$ 是一对互补的输出端，不允许其状态相同。同时，用 Q 的状态表示触发器的状态，即 Q=0 表示触发器为 0 状态；Q=1 表示触发器为 1 状态。触发器的这两种状态是相对稳定的，只有在一定的触发信号作用下才可以从一种状态转变成另一种状态（称为触发器翻转），因此触发器也叫双稳电路。为了表示状态的变换，把触发器接受触发信号之前的状态叫现态，用 $Q^n$ 表示，把触发器接受触发信号之后的状态叫次态，用 $Q^{n+1}$ 表示。分析触发器的逻辑功能，就是分析当输入信号为某一取值组合时，输出次态 $Q^{n+1}$ 的值。

3. 触发器逻辑功能的描述方法

描述触发器的逻辑功能，就是要找出触发器的次态与现态和输入信号之间的逻辑关系。通常可用状态真值表（功能表）、特性方程（特征方程）、状态转换图、波形图（时序图）等来描述。

4. 触发器的分类

根据输入是否有时钟脉冲，触发器可分为基本触发器和同步触发器。

根据时钟脉冲触发方式不同，触发器可分为电平触发器和边沿触发器。

根据逻辑功能不同，触发器可分为 RS 触发器、D 触发器、JK 触发器、T 触发器、T′触发器。

触发器的种类很多，但它们都是在基本 RS 触发器的基础上发展而来的。目前大量使用的都是集成触发器。

## 4.2  基本 RS 触发器

1. 电路组成及逻辑符号

基本 RS 触发器是由两个与非门的输入、输出端交叉连接而成。其电路图及逻辑符号如图 4-2 所示。

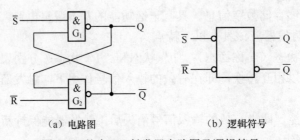

（a）电路图　　　　　　　　　　（b）逻辑符号

图 4-2　基本 RS 触发器电路图及逻辑符号

2. 工作原理

（1）当 $\overline{R}$ =1、$\overline{S}$ =1 时，输入信号均为无效电平。若 $Q^n$=0，则 $Q^{n+1}$=0，若 $Q^n$=1，则 $Q^{n+1}$=1，即 $Q^{n+1}=Q^n$，触发器将保持原来的状态不变，相当于把原来的状态存储起来了，说明电路有记忆功能。

（2）当 $\overline{R}$ =0、$\overline{S}$ =1 时，不管 $Q^n$ 为何种状态，都使 $Q^{n+1}$=0，即触发器被置成 0 态，称这种功能为置 0 或复位，因为置 0 或复位是触发信号 $\overline{R}$ 为有效电平 0 的结果，故把 $\overline{R}$ 称为置 0 端或复位端。

（3）当 $\overline{R}$ =1、$\overline{S}$ =0 时，不管 $Q^n$ 为何种状态，都使 $Q^{n+1}$=1，即触发器被置成 1 态，称这种功能为置 1 或置位，因为置 1 或置位是触发信号 $\overline{S}$ 为有效电平 0 的结果，故把 $\overline{S}$ 称为置 1

或置位端。

（4）当 $\overline{R}=0$、$\overline{S}=0$ 时，输入信号均为有效电平，则 $Q^{n+1}=\overline{Q^{n+1}}=1$，就破坏了 $Q^{n+1}$ 和 $\overline{Q^{n+1}}$ 互补的逻辑关系。而且，当 $\overline{R}$、$\overline{S}$ 同时由 0 变 1 时，由于两个门的延迟时间不同以及其他干扰因素，电路的状态将由后变成 1 的输入端状态来决定，即会出现不定状态，这是禁止的，即两个输入状态不能同时为 0。

3．逻辑功能

综合以上对基本 RS 触发器逻辑功能的分析结果，下面以不同的方法来描述其逻辑功能。

（1）状态真值表：以表格的形式反映触发器从现态 $Q^n$ 向次态 $Q^{n+1}$ 转变的规律。因触发器的次态 $Q^{n+1}$ 不仅与触发信号 $\overline{R}$、$\overline{S}$ 有关，还与现态 $Q^n$ 有关（这正体现了触发器的记忆功能）。因此，真值表中，自变量有 3 个，$\overline{R}$、$\overline{S}$、$Q^n$，函数是 $Q^{n+1}$。如表 4-1 所示，表 4-2 为其简化真值表。

表 4-1　基本 RS 触发器真值表

| $\overline{S}$ | $\overline{R}$ | $Q^n$ | $Q^{n+1}$ | 功能 |
|---|---|---|---|---|
| 1 | 1 | 0 | 0 | 保持 |
| 1 | 1 | 1 | 1 |  |
| 0 | 1 | 0 | 1 | 置 1 |
| 0 | 1 | 1 | 1 |  |
| 1 | 0 | 0 | 0 | 置 0 |
| 1 | 0 | 1 | 0 |  |
| 0 | 0 | 0 | 不定 | 禁止 |
| 0 | 0 | 1 |  |  |

表 4-2　简化真值表

| $\overline{S}$ | $\overline{R}$ | $Q^{n+1}$ | 功能 |
|---|---|---|---|
| 0 | 0 | 不定 | 禁止 |
| 0 | 1 | 1 | 置 1 |
| 1 | 0 | 0 | 置 0 |
| 1 | 1 | $Q^n$ | 保持 |

（2）特性方程（特征方程）：表示触发器的次态 $Q^{n+1}$ 与现态 $Q^n$ 及触发信号之间逻辑关系的表达式叫触发器的特性方程。根据基本 RS 触发器的真值表或电路图都可得到其特性方程为：

$$\begin{cases} Q^{n+1}=S+\overline{R}Q^n \\ \overline{R}+\overline{S}=1 \qquad （约束条件） \end{cases}$$

（3）状态转换图：描述触发器状态转换规律的图形称为状态转换图。基本 RS 触发器的状态转换图如图 4-3 所示。图中的大圆圈表示触发器的状态，箭头表示触发器状态转换方向，$\overline{R}$、$\overline{S}$ 的取值表示状态转换的条件。

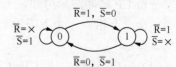

图 4-3　基本 RS 触发器状态转换图

（4）波形图：是用来反映触发器输入信号取值和触发器状态之间对应关系的图形。如果输入信号包含了所有可能的组合，波形图就能直观地表示触发器的特性和工作状态。按照表 4-1 画出基本 RS 触发器的波形图如图 4-4 所示。要注意在 $t_3 \sim t_4$ 期间，$\overline{S}=\overline{R}=0$，$Q=\overline{Q}=1$，但由于 $\overline{R}$ 首先回到了高电平，所以触发器的次态是可以确定的，但是在 $t_6 \sim t_7$ 期间，又出现了 $\overline{S}=\overline{R}=0$，$Q=\overline{Q}=1$，在这之后两个信号同时撤销，所以状态是不确定的。

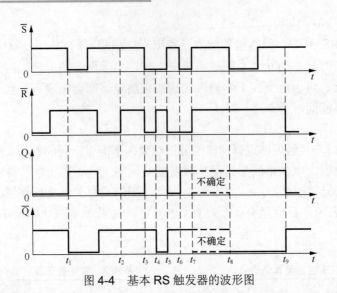

图 4-4　基本 RS 触发器的波形图

在基本 RS 触发器中，输入信号直接加在输出门上，所以输入信号在任何时刻都能直接改变输出的状态，因此电路结构简单，是构成其他类型触发器的基础。但因为输入直接控制输出，当输入有干扰时，输出状态将发生变化；另外，输入信号之间存在约束条件，给使用带来不便。

## 4.3　同步触发器

基本 RS 触发器由于输入直接控制输出，只要输入有信号，输出状态就立即发生相应变化。但一般数字系统都是由多个触发器组成，为了协调各部分的动作，常常要求触发器按一定的节拍同步动作，不能各自为政。为此，必须给电路加上一个统一的控制信号即同步信号，使触发器仅在同步信号到达时才能按各自的输入信号改变状态。通常把这个同步信号叫做时钟脉冲（CP），简称时钟。这种用时钟控制的触发器称为时钟触发器，也称同步触发器（触发器的状态改变与时钟脉冲同步）。

用时钟脉冲控制各个触发器同步动作，有 4 种触发方式。所谓触发方式，即在时钟脉冲的什么时刻允许触发器的输入信号控制输出状态。

分析 CP 脉冲波形可知，一个 CP 脉冲￩可以分解成一个高电平时段、一个低电平时段、一个上升沿、一个下降沿。利用这 4 个不同的组成部分作为触发信号，就有 4 种触发方式，即

（1）高电平触发，用 CP=1 表示；

（2）低电平触发，用 CP=0 表示；

（3）上升沿触发，用 CP↑ 表示；

（4）下降沿触发，用 CP↓ 表示。

高电平、低电平触发统称为电平触发；上升沿、下降沿触发统称为边沿触发。4 种触发方式在图中的表示方法如图 4-5 所示。

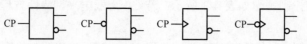

(a) 高电平触发　(b) 低电平触发　(c) 上升沿触发　(d) 下降沿触发

图 4-5　时钟触发器的 4 种触发方式

## 4.3.1　同步 RS 触发器

### 1. 电路结构与逻辑符号

同步 RS 触发器是在基本 RS 触发器的基础上，增加了两个与非门 $G_3$、$G_4$ 作为控制门，并加入时钟脉冲构成的。其电路结构及逻辑符号如图 4-6 所示。

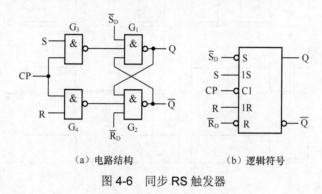

（a）电路结构　　　　　　　　（b）逻辑符号

图 4-6　同步 RS 触发器

图中 R、S 是信号输入端，它们能否改变输出状态要受到 CP 脉冲的控制。$\overline{R}_D$、$\overline{S}_D$ 直接控制输出状态，只要有效（均为低有效）就使输出为 0 或 1，不受 CP 脉冲的控制，故称为直接置 0、直接置 1 端，或称为异步置 0、异步置 1 端，一般用于给触发器预置初态，但不能同时有效。触发器正常工作时，应使 $\overline{R}_D = \overline{S}_D = 1$。

### 2. 逻辑功能分析及描述

当 CP=0 时，$G_3$、$G_4$ 门被封锁，不论 R、S 处于何种状态，$G_3$、$G_4$ 均输出 1，基本 RS 触发器处于保持状态，故同步 RS 触发器也保持原来的状态不变。

当 CP=1 时，$G_3$、$G_4$ 门被打开，R、S 端的信号取反后直接控制 $G_1$、$G_2$ 门，工作原理同基本 RS 触发器。即在基本 RS 触发器的逻辑功能分析中，将输入信号取反就是同步 RS 触发器的逻辑功能。表 4-3 为同步 RS 触发器在 CP=1 时的真值表。

显然，同步 RS 触发器的输入信号为高电平有效，两个输入信号不能同时为 1，这正好和基本 RS 触发器相反。

表 4-3　同步 RS 触发器的真值表

| R | S | $Q^{n+1}$ | 功能 |
|---|---|---|---|
| 0 | 0 | $Q^n$ | 保持 |
| 0 | 1 | 1 | 置 1 |
| 1 | 0 | 0 | 置 0 |
| 1 | 1 | 不定 | 禁止 |

根据真值表或电路图可得到其特性方程为：

$$\begin{cases} Q^{n+1} = S + \overline{R}Q^n \\ RS = 0 \quad （约束条件） \end{cases} \quad CP=1时有效$$

所谓 CP=1 时有效，指当 CP 为高电平时，触发器按特性方程改变状态，即由输入信号 R、

S 控制输出状态，其控制规律如表 4-3 所示；若 CP 为低电平，特性方程不成立，即触发器的状态保持不变。

若已知 R、S 端的信号波形，在 CP 脉冲作用下，也可用波形图来描述其逻辑功能。如图 4-7 所示（设触发器初态为 0），图中 $t_4 \sim t_5$ 期间，出现了 R=S=1，$Q = \overline{Q} = 1$，这是不允许的。在这之后两个信号同时无效，所以 $t_5 \sim t_6$ 期间的状态是不确定的。

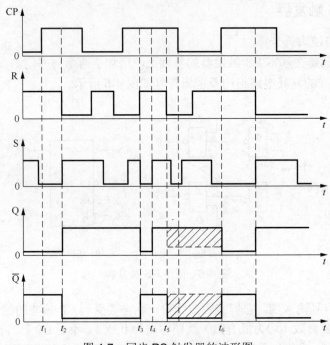

图 4-7　同步 RS 触发器的波形图

同步 RS 触发器在 CP=1 期间，输入信号仍然直接控制输出状态，而且两个输入信号之间仍有约束，使用起来还是很受限制。

为了解决这些问题，在同步 RS 触发器的基础上又对电路进行改进，构成了其他几种性能更完善的触发器。目前在数字集成电路中使用的触发器都是集成芯片，我们只需掌握其逻辑功能和触发方式，故不再介绍其内部电路结构。另外，触发器一般都有 $\overline{R}_D$、$\overline{S}_D$ 端，故也略去不画。

### 4.3.2　D 触发器

在同步 RS 触发器前加一个非门，将 S 端的 D 信号反相后送到 R 端，保证输入信号满足约束条件，就构成 D 触发器。D 触发器又称 D 锁存器，主要用于存放数据。逻辑符号如图 4-8 所示。CP 脉冲高电平有效。其真值表如表 4-4 所示。

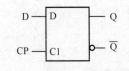

图 4-8　D 触发器逻辑符号

表 4-4　D 触发器的真值表

| CP | D | $Q^{n+1}$ | 功能 |
|---|---|---|---|
| 0 | × | $Q^n$ | 保持 |
| 1 | 1 | 1 | 置 1 |
| 1 | 0 | 0 | 置 0 |

由表可知它只有置 1、置 0 功能。由真值表得到其特性方程为：

$$Q^{n+1}=D \quad CP=1 \text{ 时有效}$$

D 触发器的逻辑功能也可用状态转换图及波形图描述。留作同学们自行讨论。

以上同步 RS 触发器和 D 触发器都采用电平触发方式，在一个 CP 脉冲有效期间，若输入信号变化几次，输出状态就会跟着翻转几次，产生空翻现象。空翻现象会破坏整个电路系统中各触发器的工作节拍；干扰信号也可能使电路误动。因此要求 CP 有效期间，输入信号不能变化。

### 4.3.3　JK 触发器

比起前述的 RS 触发器，JK 触发器是一种功能更强、应用更广的触发器，而且克服了 RS 触发器存在不定状态的问题，即输入信号 J、K 之间不再有约束。JK 触发器大都采用边沿触发方式，这种触发器具有抗干扰能力强、速度快、对输入信号的时间配合要求不高等优点。图 4-9 所示为 JK 触发器的逻辑符号。图中所示为下降沿触发。

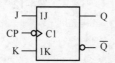

图 4-9　JK 触发器逻辑符号

表 4-5 为 JK 触发器的真值表。由真值表得出其特性方程：

$$Q^{n+1}=J\overline{Q^n}+\overline{K}Q^n \qquad CP\downarrow \text{ 时有效}$$

由真值表可画出状态转换图如图 4-10 所示。

表 4-5　JK 触发器真值表

| CP | J | K | $Q^{n+1}$ | 功能 |
|----|---|---|-----------|------|
| ↓ | 0 | 1 | 0 | 置 0 |
| ↓ | 1 | 0 | 1 | 置 1 |
| ↓ | 0 | 0 | $Q^n$ | 保持 |
| ↓ | 1 | 1 | $\overline{Q^n}$ | 翻转 |

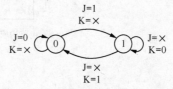

图 4-10　JK 触发器状态转换图

可以看出，JK 触发器具有置 0、置 1、保持、翻转（计数）4 种逻辑功能，功能最全；而且只在 CP 边沿到来时刻接收输入信号以控制状态转换，在此之外的时间内输入信号变化对输出状态并不影响，这就提高了触发器的工作可靠性和抗干扰能力；另外，输入信号 J、K 之间不再存在约束关系，所以它的应用更广。

JK 触发器的集成芯片品种很多。74LS112 是常用的集成双下降沿触发的 JK 触发器，图 4-11 是其逻辑符号。若已知其输入端的信号波形，可以画出其输出波形。图 4-12 为 JK 触发器的波形图。

同步 RS 触发器、D 触发器也可以采用边沿触发方式。如 74LS74 就是典型的双上升沿集成 D 触发器。

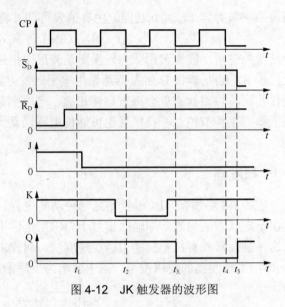

图 4-12　JK 触发器的波形图

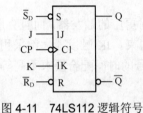

图 4-11　74LS112 逻辑符号

### 4.3.4　T 触发器和 T′ 触发器

只要将 JK 触发器的 J、K 端连接在一起作为 T 端，就构成了 T 触发器，如图 4-13 所示。令 J = K = T，代入 JK 触发器的特性方程中，可得 T 触发器的特性方程：

$$Q^{n+1} = T\overline{Q^n} + \overline{T}Q^n = T \oplus \overline{Q^n} \qquad CP \downarrow 时有效$$

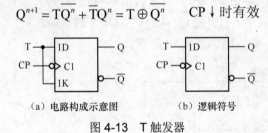

（a）电路构成示意图　　　（b）逻辑符号

图 4-13　T 触发器

上式中，当 T=0 时，$Q^{n+1} = Q^n$，当 T=1 时，$Q^{n+1} = \overline{Q^n}$。由此得到 T 触发器真值表如表 4-6 所示。

如果让 T 触发器的输入端恒接高电平 1，就构成了 T′ 触发器。因此 T′ 触发器是 T 触发器的特例，其特性方程为：

$$Q^{n+1} = \overline{Q^n} \qquad CP \downarrow 时有效$$

由此可见，T′ 触发器只具有翻转（计数）功能，CP 脉冲有效沿每到来一次，触发器的状态就翻转一次，翻转的次数就是 CP 脉冲的个数。利用这个特点，T′ 触发器一般都当作专业计数器用。其逻辑符号如图 4-14 所示。

表 4-6　T 触发器真值表

| T | $Q^{n+1}$ | 功能 |
|---|---|---|
| 0 | $Q^n$ | 保持 |
| 1 | $\overline{Q^n}$ | 翻转 |

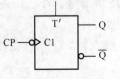

图 4-14　T′触发器逻辑符号

T 触发器和 T′触发器在集成计数器中被广泛使用，但并无单独的 T 触发器产品，一般都由其他触发器转换得到。

---

**思考：**

1. 画出同步 RS 触发器的状态转换图。

2. 画出 74LS74 双上升沿集成 D 触发器的逻辑符号，并写出特性方程。其状态与触发器的现态 $Q^n$ 有关吗？

3. 画出 T 触发器的状态转换图。

---

# 4.4　同步触发器类型之间的转换

由前述可知，JK 触发器的逻辑功能最强，因而应用很广；在需要单端输入时，通常采用 D 触发器；RS 触发器具有约束，在实际使用中会受到限制。因此，目前生产的同步触发器定型产品中只有 JK 触发器和 D 触发器这两大类。如果需要其他类型的触发器可以由 JK 触发器和 D 触发器转换得到，也就是将一种已有类型的触发器，通过外接一定的逻辑电路后转换成另一类型的触发器。其转换示意图如图 4-15 所示。

触发器类型转换步骤：

（1）写出已有触发器和待求触发器的特性方程；

（2）变换待求触发器的特性方程，使之形式与已有触发器的特性方程一致；

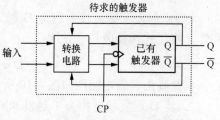

图 4-15　触发器类型转换示意图

（3）比较已有触发器和待求触发器特性方程，根据"两个方程相等，则变量相同、系数相等"的原则求出转换逻辑关系；

（4）根据转换逻辑关系画出逻辑电路图。

## 4.4.1　JK 触发器转换成其他类型的触发器

1. 将 JK 触发器转换为 D 触发器

（1）JK 触发器的特性方程：$Q^{n+1} = J\overline{Q}^n + \overline{K}Q^n$

D 触发器的特性方程：$Q^{n+1} = D$

（2）将 D 触发器特性方程变换为：$Q^{n+1} = D = D(\overline{Q}^n + Q^n) = D\overline{Q}^n + DQ^n$

（3）比较系数得：J=D，K=$\overline{D}$。

（4）根据转换逻辑关系画出逻辑电路图，如图 4-16 所示。

2. 将 JK 触发器转换为 T 触发器和 T′ 触发器

T 触发器的特性方程：$Q^{n+1} = T\overline{Q}^n + \overline{T}Q^n$，与 JK 触发器的特性方程进行比较：J=T，K=T。

据此画出逻辑电路图如图 4-17 所示。

若将 JK 触发器的 J、K 端接在一起并固定接高电平 1，就得到了 T′触发器。

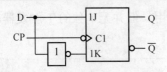

图 4-16　JK 触发器转换为 D 触发器

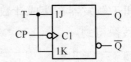

图 4-17　JK 触发器转换为 T 触发器

3．将 JK 触发器转换为 RS 触发器

RS 触发器的特性方程：

$$\begin{cases} Q^{n+1}=S+\overline{R}Q^n \\ RS=0 \end{cases}$$

考虑约束条件后变换表达式为：

$$Q^{n+1}=S+\overline{R}\,Q^n=S(\overline{Q^n}+Q^n)+\overline{R}\,Q^n=S\overline{Q^n}+\overline{R}\,Q^n$$

与 JK 触发器的特性方程进行比较：J=S，K=R。据此画出逻辑电路图如图 4-18 所示。

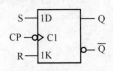

图 4-18　JK 触发器转换为 RS 触发器

### 4.4.2　D 触发器转换成其他功能的触发器

1．将 D 触发器转换为 JK 触发器

将 JK 触发器的特性方程与 D 触发器的特性方程进行比较，若令 $D=J\overline{Q}+\overline{K}Q^n$，则两式相等，将此式转换成与非表达式为：

$$D=J\overline{Q}^n+\overline{K}Q^n=\overline{\overline{J\overline{Q}^n}\,\overline{\overline{K}Q^n}}$$

据此画出逻辑电路图如图 4-19 所示。

2．将 D 触发器转换为 T 触发器

T 触发器的特性方程：$Q^{n+1}=T\overline{Q}^n+\overline{T}Q^n=T\oplus Q^n$

与 D 触发器的特性方程比较，令 $D=T\oplus Q^n$，则两式相等。

据此画出逻辑电路图如图 4-20 所示。

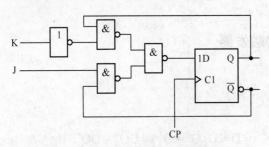

图 4-19　D 触发器转换为 JK 触发器

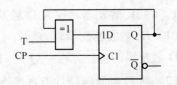

图 4-20　D 触发器转换为 T 触发器

3．将 D 触发器转换为 T′触发器

将 T′触发器的特性方程与 D 触发器的特性方程比较，令 $D=\overline{Q}^n$，则两式相等。据此画出逻辑电路图如图 4-21 所示。

4．将 D 触发器转换为 RS 触发器

将 RS 触发器的特性方程与 D 触发器的特性方程比较，令 $D=S+\overline{R}Q^n$，则两式相等。据此画出逻辑电路图如图 4-22 所示。

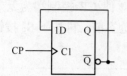

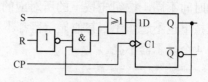

图 4-21　D 触发器转换为 T'触发器　　图 4-22　D 触发器转换为 RS 触发器

# 4.5　触发器的应用

## 1. 分频器电路

分频器是指使输出信号频率为输入信号频率整数分之一的电子电路，被广泛应用于诸如电子钟、音响设备等。将 D 触发器连接成 T′触发器并如图 4-23 所示连接，就构成了脉冲分频器（又称数字分频器）。根据 T′触发器的逻辑功能，可以画出分频电路在 CP 脉冲作用下的波形如图 4-24 所示。可以看出，$Q_1$ 的波形频率是 CP 脉冲的二分之一；$Q_2$ 的波形频率是 $Q_1$ 的二分之一，是 CP 脉冲的四分之一。因此，此电路可实现二分频、四分频。

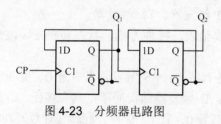

图 4-23　分频器电路图

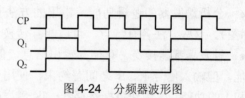

图 4-24　分频器波形图

## 2. 竞赛抢答器

竞赛抢答必须满足先抢先得答题权的要求，只要有人先抢到，其他人抢答无效。如图 4-25 所示是用 4 位 D 触发器 74LS75 及一些门电路构成的 4 路竞赛抢答器电路，4 个 D 触发器都采用高电平触发。$S_1 \sim S_4$ 为自复式按钮开关，需抢答时就按下按钮；对应每个触发器的输出有一个发光二极管显示器。开始抢答前，按下 $S_R$ 按钮，4 个显示器不亮。抢答开始时，根据 4 个

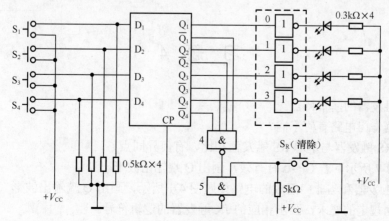

图 4-25　4 路竞赛抢答器电路

按钮按下的时间不同，按钮先按下的所对应的显示器亮，同时使 CP 控制端为无效电平，即使其他按钮按下也不起作用，其他显示器都不亮。重新开始抢答前，再按下 $S_R$ 按钮，清除亮着的灯，使 4 个显示器不亮。

---

**思考：**

　　如何构成八分频、十六分频电路？

---

# 本章小结

● 触发器是数字电路的一种基本逻辑单元，它有 0 和 1 两个稳态。在外加触发信号的作用下，可以从一种稳态转换成另一种稳态，这种转换不仅与当时的输入状态有关，还与触发器原来的状态有关。当外加信号消失后，触发器能保持原来的状态不变，所以称触发器具有记忆功能，能够记忆一位二进制信息 0 和 1。

● 触发器的种类很多，根据是否有时钟脉冲输入端，触发器可以分为基本触发器和同步触发器；根据触发方式不同，触发器可分为电平触发器和边沿触发器；根据逻辑功能不同，触发器可分为 RS 触发器、D 触发器、JK 触发器、T 触发器、T′ 触发器。

● 分析触发器的逻辑功能，常用的方法有：真值表、特性方程、状态转换图、波形图（时序图）。这些方法各有特点，可以相互转换。

● 触发器都能接受、存储并输出信息，但又各有特点：RS 触发器具有置 0、置 1 和保持功能，但输入信号 R、S 之间有约束，使用受限；D 触发器结构简单，具有接受、存储数据 0 和 1 的功能，常用作数据寄存器；JK 触发器具有置 0、置 1、保持、翻转（计数）功能，被称为全功能触发器，且输入信号之间无约束条件，因此通用性很强；T 触发器具有保持、翻转（翻转）功能；T′ 触发器仅具有翻转（计数）功能，被称为计数式触发器，可以累计 CP 脉冲的个数。

● 一般触发器都设有异步输入端（直接置 0、直接置 1 端）来设置触发器的初始状态。

● 不同触发器之间也可以相互转换。通常是将 JK 触发器和 D 触发器转换成其他类型的触发器。

# 习　题　4

1. 简述触发器的基本特点。
2. 触发器与门电路有何不同？
3. 同步 RS 触发器与基本 RS 触发器相比，有何异同点？
4. 如图 4-7 所示，若 CP=0 时有效，画出 Q 端输出波形。
5. 由 D 触发器和与非门组成的电路如题图 4-1 所示，画出 Q 端输出波形（设 $Q^n$=0）。
6. 按下面规定的要求，画出相应的 JK 触发器的逻辑符号。
① CP 的上升沿触发，置 0 置 1 端高电平有效；

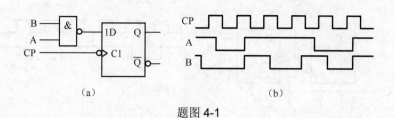

(a)　　　　　　　　　　　　(b)

题图 4-1

② CP 的下升沿触发，置 0 置 1 端低电平有效。

7. 下降沿触发的 JK 触发器，其 CP、J、K 输入端的波形如题图 4-2 所示，画出 Q 端输出波形（设 $Q^n=0$）。

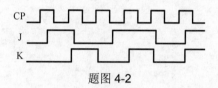

题图 4-2

8. 试画出题图 4-3 所示各触发器在 6 个 CP 脉冲作用下的输出波形（设 $Q^n=0$）。

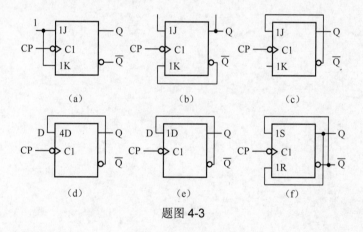

(a)　　　　　　　　(b)　　　　　　　　(c)

(d)　　　　　　　　(e)　　　　　　　　(f)

题图 4-3

9. 两个 D 触发器组成的电路如题图 4-4 所示，画出在 6 个 CP 脉冲作用下 $Q_1$、$Q_2$ 端的输出波形（设 $Q^n=0$）。若将 3 个 D 触发器按同样的连接方式组成电路，画出 3 个输出端的波形并分析其变化有何规律。

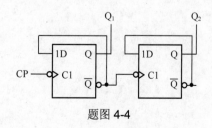

题图 4-4

10. 由 D 触发器和 JK 触发器组成的电路如题图 4-5 所示，画出 $Q_1$、$Q_2$ 端的输出波形（设 $Q^n=0$）。

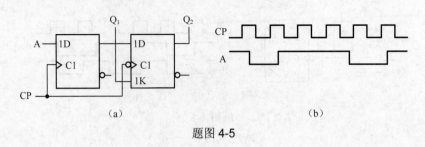

题图 4-5

11. 画出 RS、JK、D、T、T′各种触发器的逻辑符号，写出特征方程，列出状态真值表。

# 第 5 章　时序逻辑电路

**本章导读**　数字电路分为两大类，组合逻辑电路和时序逻辑电路（简称组合电路和时序电路）。组合电路已在第 3 章中介绍。时序电路与组合电路的区别就在于时序电路的输出不仅与该时刻的输入信号有关，而且与前一时刻电路的输出状态有关。因此，时序电路需要对前一时刻的状态进行记忆，能够完成记忆功能的部件称为存储单元。上一章介绍的触发器就是一种能够存储信息、具有记忆功能的基本逻辑电路，它是构成时序电路的基本单元，它自身就是一种最简单的时序电路。常用的时序电路有计数器、寄存器等。本章主要介绍时序电路的组成、特点和分类，然后介绍其逻辑功能的描述方法和分析方法，最后介绍计数器和寄存器的基本概念、电路组成、工作原理、逻辑功能及应用。

**本章要求**　了解时序电路的组成特点和功能分类；掌握时序电路的描述方法和分析方法；重点掌握常用的计数器、寄存器的功能及应用；熟练掌握用集成计数器构成任意进制计数器的方法。

## 5.1　时序逻辑电路概述

### 5.1.1　时序电路的基本特征

1．电路组成

一般由组合电路和存储电路（反馈电路）组成。存储电路是由具有记忆功能的触发器构成。其结构框图如图 5-1 所示。

图中的 $X_1 \cdots X_i$ 为时序电路的输入信号，$Y_1 \cdots Y_m$ 为输出信号，$Z_1 \cdots Z_j$ 为存储电路的输入信号，$Q_1 \cdots Q_n$ 为存储电路的输出信号，也表示时序逻辑电路的状态。在实用的时序电路中，可能没有输入信号 X，并且有可能以存储电路的输出信号 Q 作为整个时序电路的输出。

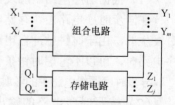

图 5-1　时序逻辑电路的结构框图

2．特点

（1）在电路的结构上：由组合电路和存储电路组成，存储电路是由具有记忆功能的触发器构成，用来记忆以前的输入输出信号；另外，组合电路的输出至少有一个反馈到存储电路的输入端，存储电路的输出至少有一个作为组合电路的输入，与电路外接的输入信号共同决定时序电路的输出。

（2）在逻辑功能上：任一时刻电路的输出状态不仅取决于该时刻的输入状态，而且还取决于电路原来的状态，即电路具有记忆功能。

### 5.1.2 时序电路逻辑功能的描述方法

常用的方法有：逻辑方程式、状态表（真值表）、状态图和时序图（波形图）。

**1. 逻辑方程式**

根据图 5-1 可以得到时序电路中各逻辑变量之间的函数关系式。

（1）时钟方程：存储电路中各触发器的时钟信号之间的逻辑关系表达式。

（2）输出方程：$Y^n=F(X^n, Q^n)$，反映了时序电路输出变量与输入信号和电路状态之间的逻辑关系。

（3）驱动方程：$Z^n=F(X^n, Q^n)$，反映了触发器输入变量与时序电路的输入信号和电路状态之间的逻辑关系。

（4）状态方程：$Q^{n+1}=F(Z^n)=F(X^n, Q^n)$，把驱动方程代入相应触发器的特征方程即可得到，反映了时序电路的次态与输入信号和电路现态之间的逻辑关系，故也称之为次态方程。

**2. 状态表**

状态表是用列表的方法反映电路在 CP 脉冲作用下输出变量 Y、次态 $Q^{n+1}$ 和输入变量 X、现态 $Q^n$ 之间的对应关系。将电路的输入 X、现态 $Q^n$ 的所有取值组合代入相应的状态方程和输出方程中进行计算，求出次态 $Q^{n+1}$、输出变量 Y，列表即可，也叫真值表。

**3. 状态图**

状态图是用图形的方式表示时序电路的转换规律和转换条件。将状态表中的内容用图形画出就是状态图，因此比状态表更加形象。

**4. 时序图**

用波形来描述电路状态 Q、输出变量 Y 与时钟脉冲 CP、输入信号 X 之间在时间上的对应关系，因而非常直观。

以上 4 种方法从不同侧面描述了时序电路的逻辑功能，表示形式不同，但实质上是一样的，可以相互转换。

### 5.1.3 时序电路的分类

（1）根据时序电路中触发器状态变化的特点，分为同步时序电路与异步时序电路。

在同步时序电路中，存储电路中的所有触发器状态的变化都是在同一时钟脉冲作用下同时发生的，由于时钟脉冲在电路中起到同步作用，故称为同步时序逻辑电路。在分析同步时序电路时，可以不考虑时钟条件，即不用写出时钟方程。

异步时序逻辑电路中的各触发器没有同一的时钟脉冲，触发器的状态变化不是同时发生的。

（2）按照时序电路的输出信号的特点将时序逻辑电路分为米利（Mealy）型和穆尔（Moore）型两种。

在米利型电路中，输出信号不仅取决于存储单元电路的状态，而且与输入信号有关；在穆尔型电路中，输出信号仅仅取决于存储单元电路的状态，与外加输入信号无关。

（3）根据逻辑功能的不同，时序电路可以分为计数器、寄存器和随机存储器等。

（4）根据结构及制造工艺的不同，可以分为双极型电路与 MOS 型电路。

### 5.1.4 时序电路的分析方法

分析一个时序逻辑电路，就是根据已知的时序电路，找出其实现的逻辑功能。具体地说，就是要求找出电路的状态 Q 和输出信号 Y 在输入信号 X 和时钟信号 CP 作用下的变化规律。

分析时序电路的一般步骤如下。

（1）由逻辑图写出下列各逻辑方程式：

① 各触发器的时钟方程（同步时序电路可不写）。

② 时序电路的输出方程（没有输出信号时不写）。

③ 各触发器的驱动方程（即触发器的输入信号表达式）。

（2）将驱动方程代入相应触发器的特性方程，求出触发器的状态方程（次态 $Q^{n+1}$ 的方程）。

（3）列状态表。根据状态方程和输出方程，对应输入 X 及现态 $Q^n$ 的所有取值组合求出对应每个 CP 脉冲有效时的次态 $Q^{n+1}$ 及输出值 Y，列出状态表。

（4）根据状态表画出状态图或时序图。

（5）根据状态表或状态图或时序图说明电路的逻辑功能。

【例 5-1-1】试分析图 5-2 所示时序电路的逻辑功能。

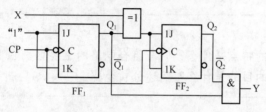

图 5-2　例 5-1-1 的逻辑图

**解：**

① 分析电路组成：该电路由两个 JK 触发器构成存储电路部分，由一个与门和一个异或门构成组合电路部分，外加输入信号 X，输出信号为 Y，是一个同步时序电路。

② 写方程式

驱动方程：$J_1=K_1=1$，$J_2=K_2=X \oplus Q_1^n$

输出方程：$Y=Q_2^n Q_1^n$

③ 求状态方程：将各触发器的驱动方程代入 JK 触发器的特性方程

$Q^{n+1} = J\overline{Q}^n + \overline{K}Q^n \cdots\cdots(CP\downarrow)$，得到各触发器的状态方程：

$Q_1^{n+1} = 1 \cdot \overline{Q_1^n} + \overline{1} \cdot Q_1^n = \overline{Q_1^n}$

$Q_2^{n+1} = X \oplus Q_1^n \cdot \overline{Q_2^n} + \overline{X \oplus Q_1^n} \cdot Q_2^n = X \oplus Q_1^n \oplus Q_2^n$

④ 列状态表：从 $XQ_2^nQ_1^n=000$ 开始，依次代入状态方程求出次态 $Q_2^{n+1}Q_1^{n+1}$，代入输出方程求出 Y，列成状态表如表 5-1 所示。

⑤ 画出状态图和时序图如图 5-3 所示。

表 5-1　例 5-1-1 的状态表

| 输入 | 现态 | | 次态 | | 输出 |
|---|---|---|---|---|---|
| X | $Q_2^n$ | $Q_1^n$ | $Q_2^{n+1}$ | $Q_1^{n+1}$ | Y |
| 0 | 0 | 0 | 0 | 1 | 0 |
| 0 | 0 | 1 | 1 | 0 | 0 |
| 0 | 1 | 0 | 1 | 1 | 0 |
| 0 | 1 | 1 | 0 | 0 | 1 |
| 1 | 0 | 0 | 1 | 1 | 0 |
| 1 | 0 | 1 | 0 | 0 | 0 |
| 1 | 1 | 0 | 0 | 1 | 0 |
| 1 | 1 | 1 | 1 | 0 | 1 |

状态转换图的画法：以圆圈表示电路的各个状态，以箭头表示状态转换的方向。同时，在箭头旁注明状态转换前的输入变量取值和输出值。通常将输入变量取值写在斜线上方，将输出值写在斜线下方。

⑥ 确定逻辑功能。

在 CP 脉冲作用下，该电路在 4 个状态之间循环递增或递减变化，是一个同步四进制（二位二进制）可逆计数器，当 X=0 时进行加计数，当 X=1 时进行减计数，Y 作为进位或借位输出。

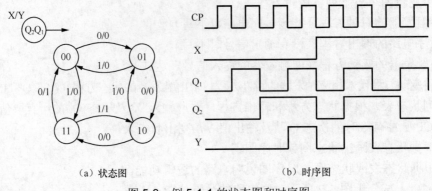

（a）状态图　　　　　　　　　　　（b）时序图

图 5-3　例 5-1-1 的状态图和时序图

---

**思考：**

1. 时序逻辑电路的特点是什么？它与组合电路的主要区别在哪儿？
2. 分析时序电路的目的是什么？简述分析步骤。

---

# 5.2　计　数　器

数字电路中使用最多的时序电路就是计数器。从小型数字仪表到大型数字计算机，几乎无所不在，是任何现代数字系统中不可缺少的组成部分。

## 5.2.1　计数器概述

**1．计数器的作用**
计数器用于统计输入脉冲的个数，还用于分频、定时、产生节拍脉冲和脉冲序列等。

**2．计数器的组成**
计数器是由触发器和门电路构成的时序电路。

**3．计数器的模**
计数器能够统计的输入脉冲的最大数目称为计数器的模，用 $N$ 表示，也叫计数器的计数长度或计数容量。模为 $N$ 的计数器也叫模 $N$ 计数器或 $N$ 进制计数器。

**4．计数器分类**
（1）按 CP 脉冲的输入方式分类。

① 同步计数器——各个触发器受同一 CP 脉冲控制，因此所有触发器的翻转是同步的。

② 异步计数器——有的触发器直接受 CP 脉冲控制，有的则是用其他触发器的输出作为 CP 脉冲，因此触发器的状态翻转有先有后，是异步的。

（2）按计数过程中计数值的增减分类。

① 加法计数器——随着 CP 脉冲的输入做递增计数的叫加法计数器，简称加计数。

② 减法计数器——随着 CP 脉冲的输入做递减计数的叫减法计数器，简称减计数。

③ 可逆计数器——在控制信号的作用下，既可递增计数又可递减计数的叫可逆计数器，也叫加/减计数器。

（3）按计数进制分类。

① 二进制计数器——按二进制运算规律进行计数的电路。由 $n$ 个触发器构成的计数器可以提供 $2^n$ 个状态，若 $2^n$ 个状态都被计数，即计数器的模 $N=2^n$，则称为 $n$ 位二进制计数器。

② 十进制计数器——按十进制运算规律进行计数的电路。由 $n$ 个触发器构成的计数器可以提供 $2^n$ 个状态，但只有十个状态被计数，即计数器的模 $N=10$，则称为十进制计数器。十进制计数器中至少要有 4 个触发器。

③ $N$ 进制计数器——二进制和十进制之外的其他进制计数器。由 $n$ 个触发器构成的计数器可以提供 $2^n$ 个状态，若只有 $N$ 个状态被计数，且 $N<2^n$ 但 $N\neq10$，则称为 $N$ 进制计数器。

## 5.2.2　同步计数器

1. 同步二进制计数器

上一节例 5-1-1 就是同步二进制计数器，其分析过程不再赘述。

下面以同步十进制计数器为例，分析其逻辑功能，以进一步掌握同步计数器的分析方法。

2. 同步十进制计数器

【例 5-2-1】分析图 5-4 所示时序电路的逻辑功能。

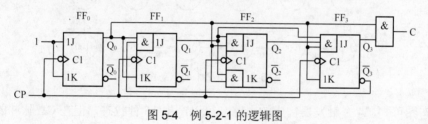

图 5-4　例 5-2-1 的逻辑图

**解：**

① 分析电路组成。该电路由 4 个 JK 触发器构成存储电路部分，由一个与门构成组合电路部分，输出信号为 C，CP 是计数脉冲输入，计数状态由 $Q_3Q_2Q_1Q_0$ 输出，是一个同步时序电路。

② 写方程式

输出方程：$C = Q_3^n Q_0^n$

驱动方程：$J_0 = K_0 = 1$

$$J_1 = \overline{Q_3^n Q_0^n}, K_1 = Q_0^n$$

$$J_2 = Q_1^n Q_0^n, K_2 = Q_1^n Q_0^n$$

$$J_3 = Q_2^n Q_1^n Q_0^n, K_1 = Q_0^n$$

③ 求状态方程：$Q_0^{n+1} = J_0\overline{Q_0^n} + \overline{K_0}Q_0^n = \overline{Q_0^n}$
$$\begin{cases} Q_0^{n+1} = \overline{Q_0^n} \\ Q_1^{n+1} = \overline{Q_3^n}\overline{Q_1^n}Q_0^n + Q_1^n\overline{Q_0^n} \\ Q_2^{n+1} = \overline{Q_2^n}Q_1^nQ_0^n + Q_2^n\overline{Q_1^n} + Q_2^n\overline{Q_0^n} \\ Q_3^{n+1} = \overline{Q_3^n}Q_2^nQ_1^nQ_0^n + Q_3^n\overline{Q_0^n} \end{cases}$$

④ 列状态表如表 5-2 所示。

表 5-2　　　　　　　　　　　　　例 5-2-1 的状态表

| $Q_3^n\ Q_2^n\ Q_1^n\ Q_0^n$ | $Q_2^{n+1}\ Q_2^{n+1}\ Q_1^{n+1}\ Q_0^{n+1}$ | C | $Q_3^n\ Q_2^n\ Q_1^n\ Q_0^n$ | $Q_2^{n+1}\ Q_2^{n+1}\ Q_1^{n+1}\ Q_0^{n+1}$ | C |
|---|---|---|---|---|---|
| 0　0　0　0 | 0　0　0　1 | 0 | 1　0　0　0 | 1　0　0　1 | 0 |
| 0　0　0　1 | 0　0　1　0 | 0 | 1　0　0　1 | 0　0　0　0 | 1 |
| 0　0　1　0 | 0　0　1　1 | 0 | 1　0　1　0 | 1　0　1　1 | 0 |
| 0　0　1　1 | 0　1　0　0 | 0 | 1　0　1　1 | 0　1　0　0 | 1 |
| 0　1　0　0 | 0　1　0　1 | 0 | 1　1　0　0 | 1　1　0　1 | 0 |
| 0　1　0　1 | 0　1　1　0 | 0 | 1　1　0　1 | 0　1　0　0 | 1 |
| 0　1　1　0 | 0　1　1　1 | 0 | 1　1　1　0 | 1　1　1　1 | 0 |
| 0　1　1　1 | 1　0　0　0 | 0 | 1　1　1　1 | 0　0　0　0 | 1 |

⑤ 画出状态图如图 5-5 所示。

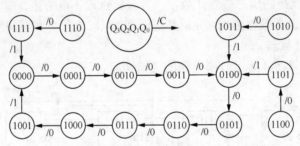

图 5-5　例 5-2-1 的状态图

　　由状态图可知，4 个触发器构成的电路，可以产生 16 种状态，但在 CP 脉冲的作用下，始终只在 0000～1001 这 10 个状态中循环，故把这 10 个状态叫有效状态，所构成的循环叫有效循环。不在有效循环中的状态叫无效状态，在图 5-5 中的 1010～1111 即是无效状态。如果电路因某种原因落入无效状态，但在有限个 CP 脉冲作用下能回到有效循环中，则称电路能自启动；若无效状态构成循环，则电路肯定不能自启动。显然本电路能自启动。

⑥ 画出时序图如图 5-6 所示。

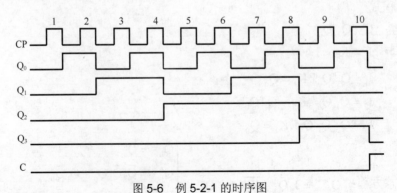

图 5-6　例 5-2-1 的时序图

　　⑦ 确定逻辑功能：由以上分析可知，在 CP 脉冲的作用下，本电路始终在 0000～1001 这 10 个状态中递增循环，且这 10 个状态所表示的二进制数与对应的十进制数之间符合 8421

编码规律，故本电路是一个按 8421BCD 码规律计数的同步十进制加法计数器，且能自启动。

## 5.2.3　异步计数器

在异步计数器中各触发器并不都在同一个时钟信号控制下动作，所以电路的状态变化是异步进行的。在分析电路状态时，需要考虑每个触发器的时钟信号，只有那些有时钟信号的触发器才具备状态变化的条件，而没有时钟信号的触发器将保持原状态不变。

【例 5-2-2】分析图 5-7 所示时序电路的逻辑功能。

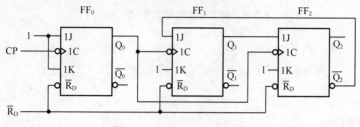

图 5-7　例 5-2-2 的逻辑图

**解：**

① 分析电路组成。该电路由 3 个 JK 触发器构成，CP 是计数脉冲输入，计数状态由 $Q_2Q_1Q_0$ 输出，各触发器时钟脉冲不是同一个，因此是一个异步时序电路。

② 写方程式。

时钟方程：$\begin{cases} CP_0 = CP \\ CP_2 = CP_1 = Q_0^n \end{cases}$

驱动方程：$\begin{cases} J_0 = K_0 = 1 \\ J_1 = \overline{Q}_2^n, K_1 = 1 \\ J_2 = Q_1^n, K_2 = 1 \end{cases}$

③ 求状态方程：$Q_0^{n+1} = J_0\overline{Q_0^n} + \overline{K_0}Q_0^n = \overline{Q_0^n}$　$\begin{cases} Q_0^{n+1} = \overline{Q}_0^n \cdots\cdots CP\downarrow \\ Q_1^{n+1} = \overline{Q}_2^n\overline{Q}_1^n \cdots\cdots Q_0^n\downarrow \\ Q_2^{n+1} = \overline{Q}_2^n Q_1^n \cdots\cdots Q_0^n\downarrow \end{cases}$

④ 列状态表如表 5-3 所示。

表 5-3　　　　　　　　　　　　　　　例 5-2-2 的状态表

| $Q_2^n$ | $Q_1^n$ | $Q_0^n$ | $Q_2^{n+1}$ | $Q_1^{n+1}$ | $Q_0^{n+1}$ | $CP_2$ | $CP_1$ | $CP_0$ |
|---|---|---|---|---|---|---|---|---|
| 0 | 0 | 0 | 0 | 0 | 1 | × | × | ↓ |
| 0 | 0 | 1 | 0 | 1 | 0 | ↓ | ↓ | ↓ |
| 0 | 1 | 0 | 0 | 1 | 1 | × | × | ↓ |
| 0 | 1 | 1 | 1 | 0 | 0 | ↓ | ↓ | ↓ |
| 1 | 0 | 0 | 1 | 0 | 1 | × | × | ↓ |
| 1 | 0 | 1 | 0 | 0 | 0 | ↓ | ↓ | ↓ |
| 1 | 1 | 0 | 1 | 1 | 1 | × | × | ↓ |
| 1 | 1 | 1 | 0 | 0 | 0 | ↓ | ↓ | ↓ |

⑤ 画出状态图和时序图如图 5-8 所示。

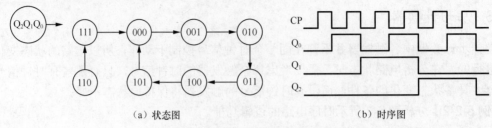

（a）状态图　　　　　　　　　　（b）时序图

图 5-8　例 5-2-2 的状态图和时序图

⑥ 确定逻辑功能：由以上分析可知，3 个触发器构成的电路，可以产生 8 种状态，在 CP 脉冲的作用下，只有 000～101 这 6 个状态形成有效循环，故本电路是一个六进制异步加法计数器，且能自启动。

### 5.2.4　集成计数器

TTL 和 CMOS 两大系列的中规模集成计数器品种很多，其中常用的 TTL 集成同步递增计数器型号有 74 LS 160、74 LS 162、74 LS 161 和 74 LS 163，74 LS 160 和 74 LS 162 其引脚排列和使用方法均与 74 LS 161 和 74 LS 163 相同，只是计数长度不同，74 LS 160 和 74 LS 162 是十进制计数器，而 74 LS 161 和 74 LS 163 是十六进制（四位二进制）计数器。74 LS 160 与 74 LS 161 都采用异步清零方式，而 74 LS 162 与 74 LS 163 都采用同步清零方式；同步可逆计数器常用型号有 74 LS 168、74 LS 190 等；常用的 CMOS 集成同步递增计数器型号有 CC40160、CC40162 等；同步可逆计数器常用型号有 CC4510、CC40192 等；而常用的 TTL 集成异步计数器型号有 74 LS 90、74 LS 196、74 LS 290 等。下面以 74LS161、74LS160 和 74LS290 为例，介绍集成计数器的功能及应用。

**1. 集成计数器 74LS161**

74LS161 为 4 位二进制同步加法计数器，其引脚排列和逻辑符号如图 5-9 所示。其引脚及功能如下。

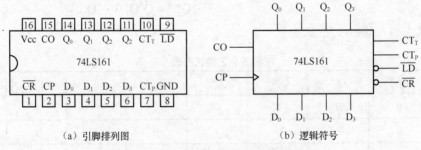

（a）引脚排列图　　　　　　　　　（b）逻辑符号

图 5-9　74LS161 引脚排列图和逻辑符号

（1）异步清零端 $\overline{CR}$：当 $\overline{CR}=0$ 时，无论其他输入端为何信号，计数器都将清零。正常工作时应使 $\overline{CR}=1$。可以作为功能扩展端。

（2）同步并行置数端 $\overline{LD}$：当 $\overline{CR}=1$、$\overline{LD}=0$ 的同时 CP 的上升沿到达，此时无论其输入端为何信号，都将使并行置数输入端 $D_0 \sim D_3$ 所设置的数据 $d_0 \sim d_3$ 置入计数器，使 $Q_0 \sim Q_3 = d_0 \sim d_3$。可以作为功能扩展端。

（3）计数控制端（使能端）$CT_P$、$CT_T$：当 $\overline{CR} = \overline{LD} = 1$ 时，若 $CT_P = CT_T = 1$，电路为 4 位二进制同步加法计数器，按照自然二进制数的递增顺序对 CP 的上升沿进行计数，当计数到 1111 时，进位输出端 CO 输出进位脉冲（高电平有效）；当 $\overline{CR} = \overline{LD} = 1$ 时，若 $CT_P \cdot CT_T = 0$，则计数器将保持原来的状态不变。

其功能表见表 5-4 所示。

表 5-4                         74LS161 功能表

| 输　　入 | | | | | 输　　出 | 功　　能 |
|---|---|---|---|---|---|---|
| $\overline{CR}$ | $\overline{LD}$ | $CT_P \cdot CT_T$ | CP | $D_3\ D_2\ D_1\ D_0$ | $Q_3\ Q_2\ Q_1\ Q_0$ | |
| 0 | × | ×　× | × | ×　×　×　× | 0　0　0　0 | 异步清零 |
| 1 | 0 | ×　× | ↑ | $d_3\ d_2\ d_1\ d_0$ | $d_3\ d_2\ d_1\ d_0$ | 同步置数 |
| 1 | 1 | 0　× | × | ×　×　×　× | 保持 | 数据保持 |
| 1 | 1 | ×　0 | × | ×　×　×　× | 保持 | 数据保持 |
| 1 | 1 | 1　1 | ↑ | ×　×　×　× | 十六进制计数 | 加法计数 |

**2．集成计数器 74LS160**

74LS160 为十进制同步加法计数器，其引脚排列和逻辑符号以及逻辑功能都与 74LS161 基本相同。不同之处在于它们的计数长度不同。其功能如表 5-5 所示。

表 5-5                         74LS160 功能表

| 清零 | 预置 | 使能 | | 时钟 | 预置数据输入 | 输出 | 工作模式 |
|---|---|---|---|---|---|---|---|
| $\overline{R}_D$ | $\overline{LD}$ | EP | ET | CP | $D_3\ D_2\ D_1\ D_0$ | $Q_3\ Q_2\ Q_1\ Q_0$ | |
| 0 | × | × | × | × | ×　×　×　× | 0　0　0　0 | 异步清零 |
| 1 | 0 | × | × | ↑ | $d_3\ d_2\ d_1\ d_0$ | $d_3\ d_2\ d_1\ d_0$ | 同步置数 |
| 1 | 1 | 0 | × | × | ×　×　×　× | 保持 | 数据保持 |
| 1 | 1 | × | 0 | × | ×　×　×　× | 保持 | 数据保持 |
| 1 | 1 | 1 | 1 | ↑ | ×　×　×　× | 十进制计数 | 加法计数 |

**3．集成计数器 74LS290**

74 LS 290 是集成的异步二-五-十进制计数器。其结构框图和逻辑符号如图 5-10 所示，逻辑功能如表 5-6 所示。

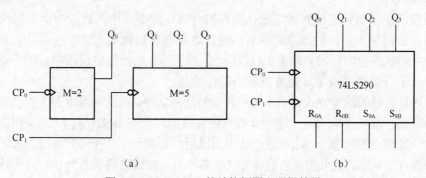

图 5-10   74LS290 的结构框图和逻辑符号

表 5-6            74LS290 功能表

| 清 零 输 入 | | 置 数 输 入 | | 时 钟 | 输 出 | 功 能 |
|---|---|---|---|---|---|---|
| $R_{0A}$ | $R_{0B}$ | $S_{9A}$ | $S_{9B}$ | CP | $Q_3\ Q_2\ Q_1\ Q_0$ | |
| 1 | 1 | 0 | × | × | 0 0 0 0 | 异步清零 |
| 1 | 1 | × | 0 | × | 0 0 0 0 | |
| × | × | 1 | 1 | × | 1 0 0 1 | 异步置9 |
| 0 | × | 0 | × | ↓ | 计数 | 加法计数 |
| 0 | × | × | 0 | ↓ | 计数 | |
| × | 0 | 0 | × | ↓ | 计数 | |
| × | 0 | × | 0 | ↓ | 计数 | |

从逻辑符号及功能表可以看出：

（1）异步置9端：高电平有效，当 $S_9=S_{9A} \cdot S_{9B}=1$ 时，计数器置9，计数器的输出为1001。

（2）异步清零端：高电平有效，当 $S_9=S_{9A} \cdot S_{9B}=0$ 时，若 $R_0=R_{0A} \cdot R_{0B}=1$，则计数器清零。

（3）异步计数端：当 $S_9=S_{9A} \cdot S_{9B}=0$ 且 $R_0=R_{0A} \cdot R_{0B}=0$ 时，计数器进行异步计数，CP 下降沿有效。其中包含 3 种基本情况：

① 若将 CP 加在 $CP_0$ 端，$CP_1$ 接低电平，$Q_0$ 为输出端，则得到异步二进制计数器；

② 将 CP 加在 $CP_1$ 端，$CP_0$ 接低电平，$Q_3Q_2Q_1$ 为输出端，则得到异步五进制计数器；

③ 将 CP 加在 $CP_0$ 端，把 $Q_0$ 与 $CP_1$ 连接起来，$Q_3Q_2Q_1Q_0$ 为输出端，则得到异步十进制计数器。

### 5.2.5　集成计数器构成 $N$ 进制计数器的方法

目前，尽管集成计数器的品种很多，但不可能应有尽有。常用的定型产品有十六进制计数器和十进制计数器。在需要其他任意进制计数器时，可用已有的产品与适当的门电路连接而成。

使用集成计数器构成 $N$ 进制计数器通常采用反馈清零法、反馈置数法和级联法；前两种方法一般用于构成小于已知计数器模的 $N$ 进制计数器，只需要一片已知计数器；后一种方法用于构成大于已知计数器模的 $N$ 进制计数器，且需要多片已知计数器。也可以将 3 种方法综合使用，以构成任意进制的计数器。

1. 反馈清零法

所谓反馈清零法就是在已知的集成计数器的有效计数循环中，选取一个中间状态通过适当的门电路，去控制集成计数器的清零端，使计数器计数到此状态后即返回零状态重新开始计数（这个中间状态也叫反馈点状态）。这样就舍弃了原计数循环中反馈点后的一些状态，把计数容量较大的计数器改成了计数容量较小的计数器。

由于集成计数器的清零方式有同步清零与异步清零之分，在选择清零的中间状态即反馈点时有一定的区别。设将要构成的 $N$ 进制计数器的有效循环状态为 $S_0 \sim S_{N-1}$，则采用同步清零方式的芯片时，反馈点的状态为 $S_{N-1}$，这个状态出现后，要等到下一个 CP 脉冲到来时才清零，故这个状态为有效状态；而采用异步清零方式的芯片时，反馈点的状态为 $S_N$，这个状态一出现输出便立即被置 0，因此这个状态只在极短的瞬间出现，通常称为过渡态且为无效状态。

使用反馈清零法构成 $N$ 进制计数器时常用的步骤如下。

① 根据芯片的清零方式选定反馈点状态 $S_{N-1}$ 或 $S_N$。同步清零方式选 $S_{N-1}$，异步清零方式选 $S_N$。

② 将反馈点状态为高电平的端子作为反馈电路的输入信号，反馈电路的输出信号作为清零端的有效输入信号去控制电路清零。

③ 画电路连线图。

如要用十进制计数器构成六进制计数器，选用异步清零法和同步清零法的状态图如图 5-11 所示。

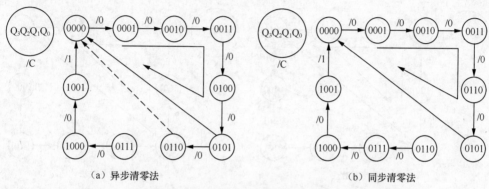

（a）异步清零法　　　　　　　　　　　（b）同步清零法

图 5-11　用十进制计数器的清零功能构成六进制计数器的状态图

【例 5-2-3】用集成同步四位二进制计数器 74LS161 构成十二进制计数器。

**解：**

① 74161 是采用异步清零方式的同步计数器，应选用 $S_N$ 为清零状态，即选用 $S_{12}=1100$ 为清零状态。

② 选与非门作为反馈电路，用反馈点状态的高电平端作为与非门的输入端，与非门的输出端作为清零控制信号，即 $\overline{CR}=\overline{Q_3^n Q_2^n}$。

③ 电路连接如图 5-12 所示。

2. 反馈置数法

反馈置数法和反馈清零法不同，其计数过程不一定从全 0 的状态 $S_0$ 开始，可以通过预置数功能端 $\overline{LD}$ 使计数器从某个预置状态 $S_i=D_3D_2D_1D_0$ 开始计数，计满 $N$ 个状态后产生置数信号反馈给置数端使计数器又进入预置状态重新开始计数。

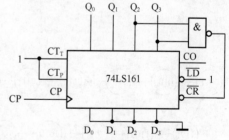

图 5-12　例 5-2-3 电路图

反馈置数法与反馈清零法类似，也需要选择一个中间状态即反馈点状态去控制集成计数器的置数端，使计数器计数到此状态后即返回到预置状态重新开始计数。选择的方法与选择清零状态的方法一致，取决于芯片采用的是同步还是异步置数方式。

设将要构成的 $N$ 进制计数器的有效循环状态为 $S_i \sim S_{N+i}$，则采用同步置数方式的芯片时，反馈点的状态为 $S_{N+i-1}$，这个状态出现后，要等到下一个 CP 脉冲到来时才置数，使输出为 $S_i=D_3D_2D_1D_0$，故 $S_{N+i-1}$ 为有效状态；而采用异步置数方式的芯片时，反馈点的状态为 $S_{N+i}$，这个状态一出现输出便立即被置为 $S_i$，因此 $S_{N+i}$ 只在极短的瞬间出现，为无效状态。

反馈置数法构成 $N$ 进制计数器的步骤如下。

（1）根据芯片的置数方式选定反馈点状态 $S_{N+i-1}$ 或 $S_{N+i}$，同步置位方式选 $S_{N+i-1}$，异步置位方式选 $S_{N+i}$。

（2）将反馈点状态为高电平的端子作为反馈电路的输入信号，反馈电路的输出信号作为置数端的有效输入信号去控制电路置数。

（3）根据指定的有效循环的起始状态 $S_i$ 设定预置数的值为 $D_3D_2D_1D_0$。

（4）画电路连线图。

如要用十进制计数器构成六进制计数器，选用异步置数法和同步置数法的状态图如图 5-13 所示。

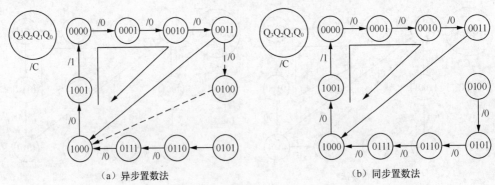

图 5-13　用十进制计数器的置数功能构成六进制计数器的状态图

【例 5-2-4】用集成同步四位二进制计数器 74LS161 构成按图 5-14 所示状态变化的计数器。

**解：**起始状态：$S_3=0011$，结束状态：$S_{13}=1101$，即 N=11 要构建十一进制计数器。

74LS161 是同步置数方式，故选择反馈点状态为 $S_{13}=1101$。选与非门作为反馈电路，用反馈点状态的高电平端作为与非门的输入端，反馈点的输出端作为置数控制信号，即 $\overline{LD}=\overline{Q_3^nQ_2^nQ_0^n}$，且设定并行输入预置数为 $D_3D_2D_1D_0=0011$。画出电路连线图如图 5-15 所示。

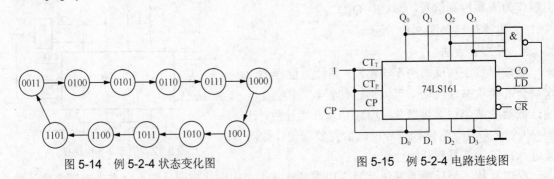

图 5-14　例 5-2-4 状态变化图　　　图 5-15　例 5-2-4 电路连线图

### 3．级联法

一片集成计数器的计数容量不够时，可以用若干片集成计数器串联，这时的总容量为各片计数容量（计数长度）的乘积。

芯片之间的连接有串行进位方式和并行进位方式（也叫异步连接和同步连接）。异步连接时，计数脉冲只加到低位片上，低位片的进位输出作为高位片的时钟计数输入脉冲。同步连接时，时钟脉冲同时连接到各片集成电路的时钟输入端，低位片的进位输出作为高位片的工作状态控制信号。

【例 5-2-5】试用两片集成同步十进制递增计数器 74LS160 构成百进制递增计数器。

**解：**（1）图 5-16 是采用串行进位方式连接的计数器。其中片 I 的进位脉冲 C 经反相器后作为片 II 的计数脉冲 CP，两片的 EP、ET 都为 1，计数器工作在计数状态。片 I 每计到 9（1001）时，C 端输出变为高电平，片 II 的 CP 由 1 跳为 0（下降沿），片 II 不计数。只有当片 I 由 1001 变为 0000 时，使进位信号 C 由 1 变 0，经反相后使片 II 的 CP 脉冲由 0 跳为 1（上升沿），片 II 才能计入一个脉冲，其他情况下片 II 的状态保持不变。由此构成一个百进制异步递增计数器。

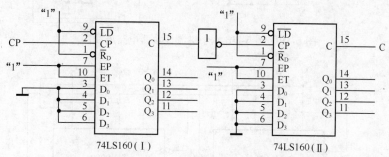

图 5-16　例 5-2-5 采用串行进位方式连接的百进制计数器

（2）也可采用图 5-17 所示的并行进位方式连接的计数器。时钟脉冲同时连接到两片芯片的时钟输入端，片 I 的进位脉冲 C 作为片 II 工作状态控制信号，只有当片 I 由 1001 变为 0000 时，从进位信号 C 送出正跳变进位信号，两片的 EP、ET 为 1，片 II 才工作在计数状态，计入一个脉冲，其他情况下片 II 虽有时钟脉冲输入，但不计数。由此构成一个百进制同步递增计数器。

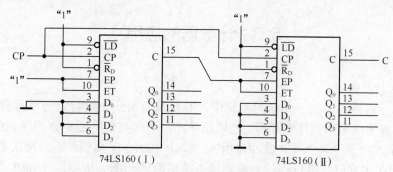

图 5-17　例 5-2-5 采用并行进位方式连接的百进制计数器

（3）用反馈法和级联法构成大于已知计数器模的 $N$ 进制计数器

【例 5-2-6】（1）用集成异步二—五—十进制计数器 74LS290 构成六十进制计数器，连线图如图 5-18 所示。

（2）用 74LS290 构成二十三进制计数器，连线图如图 5-19 所示。

**思考：**

1. 画出用 74LS161 构成十二进制计数器的状态转换图。

2. 画出用 74LS160 构成百进制计数器的逻辑符号连线图。

3. 画出用 74LS290 构成二十四进制、四十七进制计数器的状态转换图和逻辑符号连线图。

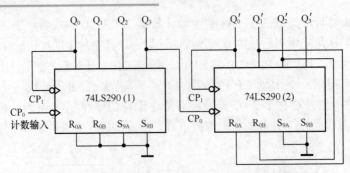

图 5-18　例 5-2-6 六十进制计数器电路连线图

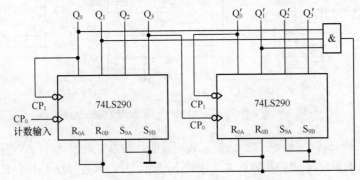

图 5-19　例 5-2-6 二十三进制计数器电路连线图

## 5.3　计数器的应用

1. 序列信号发生器

在数字信号的传输和数字系统的测试中，有时需要用到一组特定的串行数字信号，通常把这种串行数字信号叫做序列信号。能够循环地产生序列信号的电路叫序列信号发生器。如图 5-20 所示，在 5 个输入 CP 脉冲作用下，输出 10010 序列码，不断输入 CP 脉冲，就循环输出 10010 序列码。可以用计数器和组合输出网络两部分构成，序列码从组合输出网络输出。

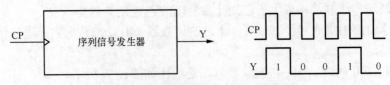

图 5-20　序列信号发生器示意图

利用计数器和数据选择器构成的序列信号发生器如图 5-21 所示。十六进制计数器 74LS161 组成了八进制计数器。当时钟信号 CP 连续地加到计数器上时，74161 的 $Q_2Q_1Q_0$ 顺序产生 $000 \sim 111$ 的信号，该信号又作为 8 选 1 数据选择器 74LS151 的地址输入信号，这样 74LS151 在地址信号的驱动下，顺序将不同的数据输入端 $D_i$ 与输出端 Y 接通，输出序列信号 00010111。在需要修改序列信号时，只要修改加到 $D_0 \sim D_7$ 端的高、低电平即可实现，而不需对电路结构作修改，使用很方便。

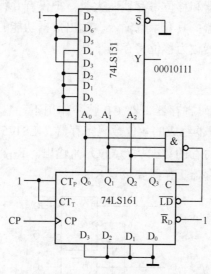

图 5-21　序列信号发生器电路组成

2．数字电子钟电路

数字电子钟是一种直接用数字显示时间的计时装置。一般由晶体振荡器、分频器、计数器、译码器、显示器、校时电路和电源等部分组成，其原理框图如图 5-22 所示。

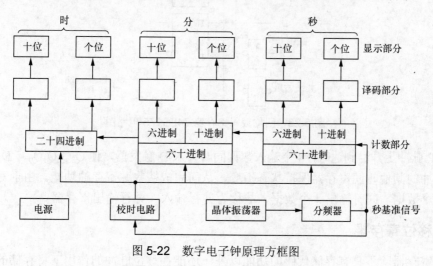

图 5-22　数字电子钟原理方框图

# 5.4 寄 存 器

寄存器是数字系统和计算机系统中用于存储二进制代码等运算数据的一种逻辑器件。触发器是构成寄存器的主要逻辑部件，每个触发器可以存储一位二进制数码，因此，要存储 $n$ 位二进制数码，必须用 $n$ 个触发器，从而构成 $n$ 位寄存器。

寄存器具有接收数据、存放数据和输出数据的功能，只有接到指令（CP 脉冲）时，寄存器才能接收要寄存的数据。

　　寄存器可分为数码寄存器和移位寄存器两大类。把仅有并行输入、输出数据功能的寄存器称为数码寄存器或叫锁存器；具有串行输入、输出数据功能的，或者同时具有串行和并行输入、输出数据功能的寄存器称为移位寄存器。

### 5.4.1　数码寄存器

　　D 触发器是最简单的数码寄存器，在 CP 脉冲作用下，它能够寄存一位二进制代码。图 5-23 所示是由 4 个 D 触发器组成的 4 位数码寄存器 74LS175 的电路图，$D_3D_2D_1D_0$ 是需要寄存的 4 个数据的输入端，寄存的数据从 $Q_3Q_2Q_1Q_0$ 输出。$\overline{R}_D$ 为异步清零端，只要 $\overline{R}_D=0$，4 个 D 触发器全部清零，寄存器工作时要设置 $\overline{R}_D=1$。

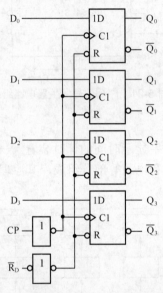

图 5-23　四位数码寄存器 74LS175 电路图

　　当 CP 脉冲上升沿到达时，4 个输入数据同时存入 D 触发器，使 $Q_3Q_2Q_1Q_0 = D_3D_2D_1D_0$，在 CP 脉冲的其他时间寄存器保持状态不变，从而完成接收并寄存的功能。由于寄存器能同时输入 4 个数据，同时输出 4 个数据，故称为并行输入、并行输出寄存器。

### 5.4.2　移位寄存器

　　移位寄存器除了具有存储代码的功能以外，还能在移位脉冲的作用下将存储的代码依次左移或右移。根据移位寄存器存入数据的移动方向，又分为左移寄存器和右移寄存器。同时具有右移和左移存入数据功能的寄存器称为双向移位寄存器。移位寄存器根据输出方式的不同，有串行输出移位寄存器和并行输出移位寄存器。因此，移位寄存器不但可以用来寄存代码，还可以用来实现数据的串行—并行转换、数据的运算以及数据处理等。

　　图 5-24 所示是用 D 触发器构成的 4 位右移移位寄存器，各触发器共用一个 CP 脉冲，电路动作是同步的。串行输入数据 $D_{IR}$ 从低位触发器输入，低位触发器的输出信号作为高位触发器的输入信号。根据 D 触发器的逻辑功能，在 CP 上升沿作用下，输入的数据将逐位右移。若串行输入数据为 $D_3D_2D_1D_0=1011$，4 个触发器的初态为 0000，然后依次输入数据 1011（先

将 $D_3=1$ 从 $D_{IR}$ 输入），在 4 个 CP 脉冲作用下，串行输入的 4 位代码全部移入了移位寄存器中，同时在 4 个触发器的输出端得到了并行输出的代码 $Q_3Q_2Q_1Q_0=1011$。因此，利用移位寄存器可以实现代码的串行—并行转换。

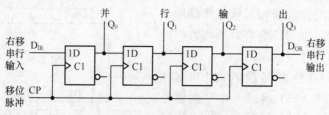

图 5-24　D 触发器构成的右移移位寄存器

再经过 4 个 CP，则寄存器里的 4 位并行代码将从串行输出端依次全部输出（即数码移出寄存器），从而实现数据的串行输入—串行输出。如果首先将 4 位数据并行地置入移位寄存器的 4 个触发器中，然后连续加入 4 个移位脉冲，则移位寄存器里的 4 位代码将从串行输出端 $D_{OR}$ 依次送出，从而实现了数据的并行—串行转换。

若将串行输入数据从高位触发器的输入端输入，高位触发器的输出信号作为低位触发器的输入信号，就构成左移移位寄存器。在 CP 上升沿作用下，输入的数据将逐位左移，其工作原理同右移移位寄存器。

### 5.4.3　集成移位寄存器

74LS194 是一种典型的集成移位寄存器，其逻辑符号如图 5-25 所示。

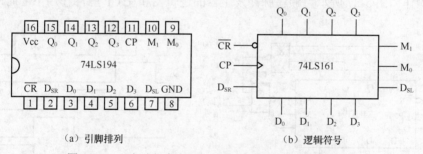

（a）引脚排列　　　　　　　　　　（b）逻辑符号

图 5-25　双向移位寄存器 74LS194 引脚排列和逻辑符号

由逻辑图可以看出，电路的移位脉冲为上升沿有效。图中的 $\overline{CR}$ 为异步清零端，低电平有效，优先级别最高。寄存器正常工作时应为高电平。$D_{IR}$、$D_{IL}$ 为数据右移、左移串行输入端，$D_3D_2D_1D_0$ 为数据并行输入端，$Q_3Q_2Q_1Q_0$ 为数据并行输出端。$M_0$、$M_1$ 为工作状态控制端，它们不同的取值，决定寄存器不同的逻辑功能。其逻辑功能如表 5-7 所示。

表 5-7　　　　　　　　　　　　　　74LS194 功能表

| $\overline{CR}$ | M1 | M0 | CP | 功　能 |
| --- | --- | --- | --- | --- |
| 0 | × | × | × | 清零 |
| 1 | 0 | 0 | ↑ | 保持 |
| 1 | 0 | 1 | ↑ | 右移 |
| 1 | 1 | 0 | ↑ | 左移 |
| 1 | 1 | 1 | ↑ | 并行输入 |

### 5.4.4　寄存器的应用

**＊1. 序列信号发生器**

上一节介绍了用计数器和数据选择器构成的序列信号发生器，采用移位寄存器和数据选择器也可构成序列信号发生器。

例如，用双向移位寄存器 74LS194 和 8 选 1 数据选择器 74LS151 构成一个序列信号发生器，产生序列信号为 0001011101（按时间顺序自左而右）。可以用 74LS194 的右移功能从 $Q_3$ 端输出序列信号，该信号通过右移输入端 $D_{IR}$ 得到。假设移位寄存器的初始状态为 $Q_3Q_2Q_1Q_0=0000$，电路连接如图 5-26 所示。其工作过程自行分析。

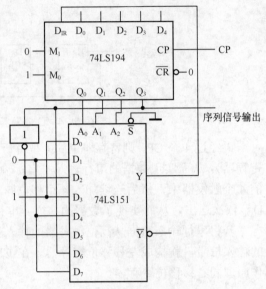

图 5-26　74LS194 和 74LS151 组成的序列信号发生器

**2. 顺序脉冲发生器**

顺序脉冲是指在每个循环周期内，在时间上按一定先后顺序排列的脉冲信号。产生顺序脉冲的电路称为顺序脉冲发生器。在数字系统中常用来控制某些设备按照事先规定的顺序进行运算或操作。图 5-27 所示为顺序脉冲发生器的逻辑图和在 CP 脉冲作用下的时序图。

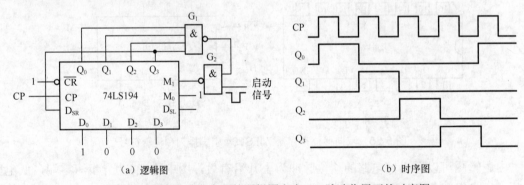

（a）逻辑图　　　　　　（b）时序图

图 5-27　顺序脉冲发生器的逻辑图和在 CP 脉冲作用下的时序图

74LS194 接成右移方式，其右移串入信号取自 $Q_3$。在启动脉冲作用下，$M_1M_0=11$，电路并行输入数据 $D_3D_2D_1D_0=0001$，启动脉冲消失后，使 $M_1M_0=01$，电路处于右移工作状态。随着 CP 脉冲的输入，数据从 $Q_0 \rightarrow Q_1 \rightarrow Q_2 \rightarrow Q_3$ 右移，由 $Q_0\ Q_1\ Q_2\ Q_3$ 依次输出顺序脉冲。

---

**思考：**
1. 什么是数码寄存器？什么是移位寄存器？
2. 74LS194 是如何实现左移、右移、并行输入数据和清零等控制的？

---

## 本章小结

● 时序逻辑电路是数字系统中非常重要的逻辑电路。在电路结构上，它包含组合电路和存储电路两部分，存储电路由触发器构成。在逻辑功能上，电路任一时刻输出状态不仅取决于当时的输入信号，还与电路的原状态有关。

● 描述时序逻辑电路逻辑功能的方法有：逻辑方程式、状态表（真值表）、状态图和时序图（波形图）。

● 分析时序逻辑电路的一般步骤为：由逻辑图→写时钟方程（异步）、驱动方程、输出方程→状态方程→列状态转换真值表→画状态转换图和时序图→说明逻辑功能。

● 计数器是一种简单而又最常用的时序逻辑器件。常用于统计输入脉冲的个数，还可用于分频、定时、产生节拍脉冲等。计数器种类繁多，与一般时序逻辑电路一样可分为同步与异步电路两类。根据计数进制不同可分为二进制、十进制和任意进制计数器。前两种有很多集成电路产品，由这两种计数器为基本器件，采用反馈法和级联法，可以得到任意进制的计数器。

● 寄存器也是一种常用的时序逻辑器件，具有接收、存储和输出数据的功能，它分为数码寄存器和移位寄存器两种。数码寄存器的数据只能并行输入、并行输出。移位寄存器除能接收、存储数据外，还可以在移位脉冲作用下依次逐位右移或左移，数据可以采用并行输入并行输出、串行输入串行输出、并行输入串行输出、串行输入并行输出等不同的输入输出方式。中规模的集成双向移位寄存器 74LS194 应用最多。

## 习　题　5

1. 时序电路如题图 5-1 所示，设初态为 $Q_2Q_1=00$，画出电路的时序图。

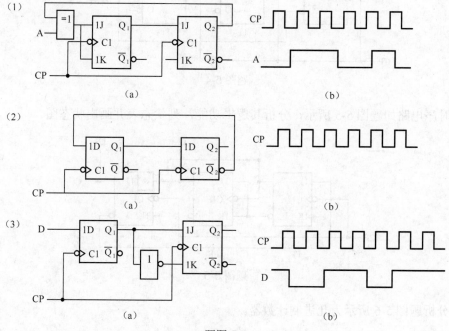

题图 5-1

2．分析题图 5-2 所示时序电路的逻辑功能。

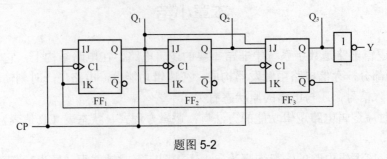

题图 5-2

3．时序电路如题图 5-3 所示，分析其逻辑功能，列状态表并画出状态图和时序图。

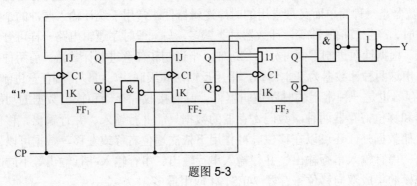

题图 5-3

4．时序电路如题图 5-4 所示，分析其逻辑功能，列状态表并画出状态图和时序图。

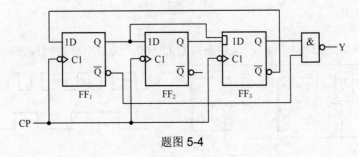

题图 5-4

5．时序电路如题图 5-5 所示，分析其逻辑功能，列状态表并画出状态图。

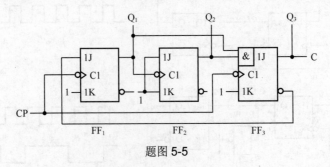

题图 5-5

6．分析题图 5-6 所示为几进制计数器。

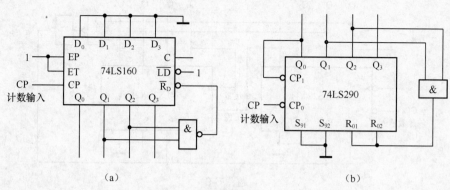

（a）　　　　　　　　　　　　　（b）

题图 5-6

7．分析题图 5-7 所示为几进制计数器。

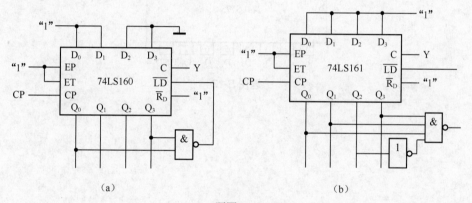

（a）　　　　　　　　　　　　　（b）

题图 5-7

8．分析题图 5-8 所示为几进制计数器。

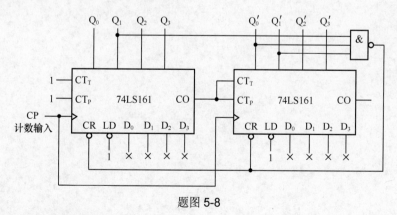

题图 5-8

9．分析题图 5-9 所示为几进制计数器。

10．题图 5-10 为 74LS175 的引脚排列图。若原输出状态 $Q_3Q_2Q_1Q_0=0101$，输入数码 $D_3D_2D_1D_0=0111$，标出各引脚电位。分析当 CP 脉冲到来后，各引脚电位如何变化。

11．试用两片 74LS194 接成 8 位双向移位寄存器。

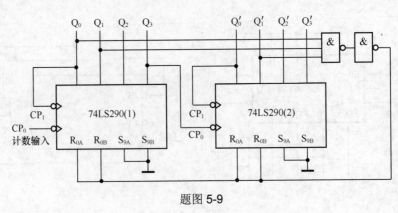

题图 5-9

题图 5-10

# 第 6 章　脉冲信号的产生与变换

**本章导读**　在数字电路或系统中，常常需要各种脉冲信号，如时钟脉冲信号、控制过程中的定时脉冲信号等。脉冲信号是指在短时间内出现的电流或电压信号。一般来讲，凡是不具有连续正弦波形状的信号，都可以称为脉冲信号。获得脉冲信号的方法有两种：一种是通过脉冲信号发生器如多谐振荡器直接产生；另一种则是通过脉冲整形电路如单稳态触发器、施密特触发器等，对已有的信号进行整形，使之满足系统的要求。本章主要介绍用集成 555 定时器产生矩形脉冲的方法。

**本章要求**　了解 555 定时器的组成特点和分类，掌握其逻辑功能；理解怎样用 555 定时器构成单稳态触发器、多谐振荡器和施密特触发器，熟悉这些电路的工作原理、工作波形、主要技术参数和应用。

## 6.1　集成 555 定时器

555 定时器是一种数、模混合于一体的中规模集成电路，以它为核心，在其外部配接少量阻容元件就可构成单稳态触发器、多谐振荡器和施密特触发器。由于使用灵活、方便，在脉冲信号产生与整形、测量与控制、家用电器、电子玩具等方面都有广泛应用。

目前 555 定时器有双级型和 CMOS 型两类，其型号分别为 NE555（或 5G555）和 C7555 等多种。其原理和功能基本相同。双级型定时器有较大的驱动能力，而 CMOS 定时器低功耗、输入阻抗高。555 定时器工作电压很宽，可承受较大的负载电流。如双极型电源电压为 5～16V，最大负载电流可达 200mA；CMOS 型电压为 3～18V，电流在 4mA 以下。

1. 电路组成

555 定时器内部电路组成和逻辑符号如图 6-1 所示，它由 3 个 5kΩ 电阻组成的分压器（555 由此得名）、两个电压比较器 $C_1$ 和 $C_2$、基本 RS 触发器、放电管 VT 以及缓冲器 $G_3$ 组成。集成的 555 定时器为双列直插式 8 引脚封装。1 端接地。2 端是低电平触发输入端 $\overline{TR}$，低电平有效。3 端是信号输出端。4 端是复位端。5 端是电压控制端，在 5 端加控制电压时，可改变 $C_1$、$C_2$ 的参考电压，该端不用时一般通过电容接地，以旁路高频干扰。6 端是高电平触发输入端 TH，也称为阈值输入端，高电平有效。7 端是放电端。8 端接电源 $V_{CC}$。

由图 6-1 可知，当 5 脚悬空时，比较器 $C_1$、$C_2$ 的参考电压分别为 $2/3V_{CC}$ 和 $1/3V_{CC}$。

2. 基本功能

555 定时器的基本功能如表 6-1 所示。

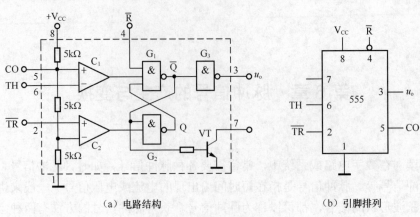

（a）电路结构　　　　　　（b）引脚排列

图 6-1　555 集成定时器

表 6-1　　　　　　　　　　555 定时器的逻辑功能

| 输　　入 | | | 输　　出 | |
|---|---|---|---|---|
| $V_{TH}$ | $V_{\overline{TR}}$ | $\overline{R}$ | $u_o$ | 放电管 VT |
| × | × | 0 | 0 | 导通 |
| $>2/3V_{CC}$ | $<1/3V_{CC}$ | 1 | 0 | 导通 |
| $<2/3V_{CC}$ | $<1/3V_{CC}$ | 1 | 1 | 截止 |
| $<2/3V_{CC}$ | $>1/3V_{CC}$ | 1 | 不变 | 不变 |

复位端 $\overline{R}$ =0 时，不管 TH、$\overline{TR}$ 为何状态，电路输出 $u_o$=0，放电管 VT 饱和导通。

当 $\overline{R}$ =1 时，若 $V_{TH}>2/3V_{CC}$，$V_{\overline{TR}}>1/3V_{CC}$，电路输出 $u_o$=0，放电管 VT 饱和导通。

当 $\overline{R}$ =1 时，若 $V_{TH}<2/3V_{CC}$，$V_{\overline{TR}}<1/3V_{CC}$，电路输出 $u_o$=1，放电管 VT 截止。

当 $\overline{R}$ =1 时，若 $V_{TH}<2/3V_{CC}$，$V_{\overline{TR}}>1/3V_{CC}$，电路输出和放电管保持原来的状态不变。

由此可见，电路正常使用时，必须将复位端 $\overline{R}$ 置 1。

# 6.2　单稳态触发器

单稳态触发器是一种常用的脉冲整形电路。其特点是电路只有一个稳定状态和一个暂稳态。暂稳态是一种不能长久保持的状态，这时电路的电压、电流会随着电容的充放电发生变化，而稳态的电压、电流是不变的。

在单稳态触发器中，当没有外加触发信号时，电路始终处于稳态；只有在外加触发脉冲的作用下，才由稳态翻转到暂稳态，在暂稳态维持一段时间以后，再自动返回稳态；暂稳态维持时间的长短，仅取决于电路本身的参数，与外加触发脉冲无关。

单稳态触发器被广泛地应用于脉冲整形、延时（产生滞后于触发脉冲的输出脉冲）以及定时（产生固定时间宽度的脉冲信号）的脉冲电路。

单稳态触发器有多种电路形式，常见的有门电路、555 定时器等组成的电路。

下面以 555 定时器构成的单稳态触发器为例，说明其工作原理。

### 1．电路组成

将 555 定时器的高电平触发端 6 与放电端 7 连接后再接定时元件 R、C，从低电平触发端 2 加触发信号 $u_i$，就构成单稳态触发器。如图 6-2（a）所示。

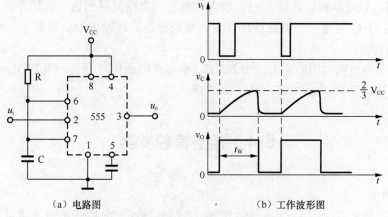

（a）电路图　　　　　（b）工作波形图

图 6-2　由 555 定时器组成的单稳态触发器

### 2．工作原理

（1）电路的稳态：接通电源后，电源通过电阻 R 向电容 C 充电，使 $u_c$ 上升，当 $u_c$ 上升到 $2/3V_{CC}$ 时，$u_o$ 为低电平，同时放电管 VT 导通，电容通过放电管放电，电路进入稳态 $u_o=0$。

（2）暂稳态：当低电平触发脉冲输入时，即 $u_i$ 小于 $1/3V_{CC}$，电路翻转，$u_o=1$，同时放电管截止，电源又通过电阻 R 对电容 C 充电。当 $u_c$ 上升到 $2/3V_{CC}$ 时，输出由高电平翻转为低电平，暂稳态结束，同时放电管重新导通，电容放电，电路又重新回到稳态。

其工作波形如图 6-2（b）所示。输出电压的脉冲宽度 $t_W \approx 1.1RC$。

## 6.3　多谐振荡器

多谐振荡器是一种无稳态电路，在接通电源后，无需外加信号就能自动产生矩形波。由于矩形波中含有各种谐波分量，所以称为多谐振荡器。

多谐振荡器有多种电路形式，利用 555 定时器可以方便地构成多谐振荡器，如图 6-3（a）所示。

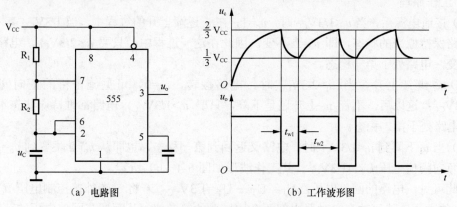

（a）电路图　　　　　（b）工作波形图

图 6-3　555 构成的多谐振荡器

设电容初态 $u_c=0$，则电路输出 $u_o=1$，放电管截止，电路处于第一暂稳态；电源 $V_{CC}$ 通过 $R_1$、$R_2$ 对 C 充电，使 $u_c$ 逐渐上升，当 $u_c$ 上升到 $2/3V_{CC}$ 时，触发器翻转，使 $u_o=0$，放电管导通，电路处于第二暂稳态；因放电管导通，电容 C 将通过 $R_2$ 放电，使 $u_c$ 逐渐下降，当 $u_c$ 下降到 $1/3V_{CC}$ 时，触发器翻转，使 $u_o=1$，放电管截止，电路又回到第一暂稳态。然后，$V_{CC}$ 又将通过 $R_1$、$R_2$ 对 C 充电……如此循环往复，形成振荡，在输出端就得到了一个矩形波。波形如图 6-3（b）所示。

电路中，电容放电所用时间 $t_{w1}\approx0.7\ R_2C$，电容充电所用时间 $t_{w2}\approx0.7（R_1+R_2）C$。因此输出信号的周期：$T=t_{w1}+t_{w2}\approx0.7（R_1+2R_2）C$。

## 6.4　施密特触发器

**1. 电路组成**

将 555 定时器的 TH 端（6 端）与 $\overline{TR}$ 端（2 端）连在一起接外加输入信号 $u_i$，就构成了施密特触发器，如图 6-4（a）所示。

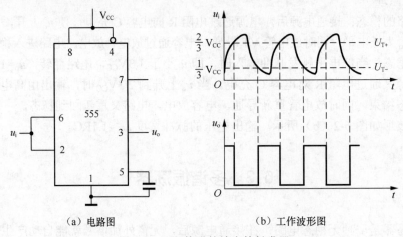

（a）电路图　　　　　　　　（b）工作波形图

图 6-4　555 构成的施密特触发器

**2. 工作原理**

（1）接通电源后，当 $u_i<1/3V_{CC}$ 时，$u_o=1$，在 $u_i$ 逐渐上升的过程中，当 $1/3V_{CC}<u_i<2/3V_{CC}$ 时，电路保持原来的状态，即 $u_o=1$ 不变。因此在这一过程中，只要 $u_i<2/3V_{CC}$，电路输出状态就不变，电路处于第一稳态。

（2）$u_i$ 继续上升，当 $u_i>2/3V_{CC}$ 时，电路翻转，$u_o=0$，可见施密特的正向阈值电压 $U_{T+}=2/3V_{CC}$；这以后，不管 $u_i$ 上升还是下降，只要 $u_i>1/3V_{CC}$，电路都维持原状态不变，即 $u_o=0$，电路处于第二稳态。

（3）当 $u_i$ 下降到 $u_i<1/3V_{CC}$ 时，电路又返回到第一稳态，也即从 $u_o=0$ 跳变到 $u_o=1$。可见电路的负向阈值电压 $U_{T-}=1/3V_{CC}$。其工作波形如图 6-4（b）所示。

由此可见，电路的回差电压 $\triangle U_T=U_{T+}-U_{T-}=1/3V_{CC}$。若将 5 端外接控制电压 $u_{co}$，只要改变 $u_{co}$ 的大小，就可改变定时器内部两个比较器的参考值，从而调节回差电压的范围。

3．施密特触发器的特点

（1）有两个稳态。触发器处于哪个稳态取决于输入信号的高低，属于电平触发，故缓慢变化的信号也可作为输入信号。因此，电路能把变化缓慢的非脉冲波形整形成标准幅值的矩形脉冲波形，且因其内部的正反馈作用，使输出波形边沿很陡峭。利用这一特点，此电路常用于整形和鉴幅。

（2）有两个不同的触发电平，即输入信号由低电平上升使电路翻转的输入电平和输入信号由高电平下降使电路翻转的输入电平不同，故具有回差电压。正因为电路具有滞回特性，所以抗干扰能力很强。

# 本章小结

● 555 定时器是一种多用途的单片集成电路。熟练掌握其电路组成及功能特点是学习本章的基础。用它可以构成单稳态触发器、多谐振荡器和施密特触发器。

● 单稳态触发器有一个稳态和一个暂稳态。在外来触发信号的作用下，电路由稳态进入暂稳态，经过一段时间 $t_w$ 后，自动翻转为稳态。$t_w$ 的长短取决于电路中的定时元件 R、C 的参数。单稳态触发器主要用于脉冲定时和延迟控制。

● 多谐振荡器是一种无稳态电路。接通电源后，它能够自动地在两个暂稳态之间来回翻转，输出矩形脉冲。矩形脉冲的周期以及高、低电平的持续时间的长短取决于电路的定时元件 R、C 的参数。多谐振荡器常用作产生标准时间信号和频率信号的脉冲发生器。

● 施密特触发器是一种具有回差特性的双稳态电路。其主要特点是能够对输入信号整形，将变化缓慢的输入信号整形成边沿陡峭的矩形脉冲。

# 习　题　6

1．集成 555 定时器内部主要由哪几部分组成？以图 6-1（a）为例，说明每一部分是哪些元器件？电路有哪些基本功能？

2．单稳态电路可用在哪些方面？

3．电路如图 6-2（a）所示，已知 $V_{CC}$=5V，R=10kΩ，C=30000pF，求暂态时间 $t_w$。若想改变 $t_w$，可以采取哪些方法？

4．只有暂稳态的电路是什么电路？

5．多谐振荡器如图 6-3（a）所示，已知 $V_{CC}$=9V，$R_1$=10kΩ，$R_2$=2kΩ，C=47000pF。试求其振荡频率。若想改变振荡频率，可以采取哪些措施？

6．用什么电路可将三角波变换成矩形波？画出电路图及波形图。

7．施密特触发器的主要用途是什么？其工作特点如何？它具有怎样的传输特性？

8．回差是什么电路的主要性能参数？如何调整？

9．在图 6-4（a）所示的施密特触发器中，已知 $V_{CC}$=12V，其 $U_{T+}$、$U_{T-}$、$\triangle U_T$ 各是多少？

# 第 7 章　数模和模数转换电路

　　**本章导读**　能将数字量转换为模拟量的电路称为数模转换器，简称 D/A 转换器或 DAC；能将模拟量转换为数字量的电路称为模数转换器，简称 A/D 转换器或 ADC。DAC 和 ADC 作为模拟量和数字量之间的转换电路，在信号检测、控制和信息处理等方面发挥着重要作用。本章主要介绍 DAC 和 ADC 的基本原理、分类以及常用电路。

　　**本章要求**　熟悉 DAC 和 ADC 的基本原理，了解常用的 DAC 和 ADC 的电路结构和主要特点。

　　随着数字技术和计算机技术的发展，利用数字电路处理模拟信号可以提高系统的性能指标，从而得到广泛使用。但是数字电路仅能够对数字信号进行处理，而系统的实际对象往往都是一些模拟量（如温度、速度、压力等），因此为了识别和处理这些信号，必须在模拟信号与数字信号之间进行相应转换。

　　将连续变化的模拟量转化为在时间和幅值上离散的数字量的过程称为模数转换（Analog to Digital），或称 A/D 转换。能够实现这种转换的电路或器件，称为模数转换器（Analog Digital Converter），简称 A/D 转换器或 ADC。

　　将在时间和幅值上离散的数字量转化为连续变化的模拟量的过程称为数模转换（Digital to Analog），或称 D/A 转换。能够实现这种转换的电路或器件称为数模转换器（Digital Analog Converter），简称 D/A 转换器或 DAC。

　　ADC 和 DAC 是模拟量和数字量之间不可缺少的桥梁。图 7-1 所示是数字控制系统的框图。

　　由图可见，由传感器捕捉外接非电信号，将其变换为模拟电信号，然后送入到 ADC 转换为抗干扰性更强的数字信

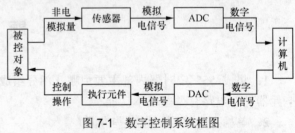

图 7-1　数字控制系统框图

号，经数字计算机处理后，以数字信号送给 DAC 再转换成模拟电信号，实现对被控对象的控制。

## 7.1　数模转换器 DAC

### 1. DAC 的基本原理

　　DAC 是将输入的每一位二进制代码按其权的大小转换成相应的模拟量，然后将这些模拟量相加，得到与数字量成正比的总模拟量，这样就实现了数字量到模拟量的转换。图 7-2 所示为 DAC 的基本结构。

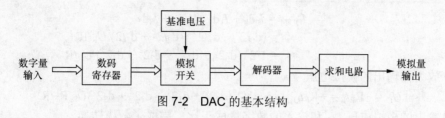

图 7-2　DAC 的基本结构

输入的二进制代码先存入数码寄存器，再与基准电压比较以控制相应模拟开关的通断。模拟开关的输出送入解码器中，解码器将每一位数码按其权大小转换为相应的模拟量，送给求和电路相加，就得到了与数字量成正比的模拟总量。

2．常见的 DAC 电路

DAC 的种类很多，主要有：权电阻网络 DAC、倒 T 形电阻网络 DAC 和权电流网络 DAC。这里仅简要介绍倒 T 形电阻网络 DAC。

（1）电路组成

四位倒 T 形电阻网络 DAC 电路如图 7-3 所示。

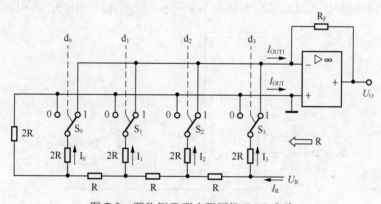

图 7-3　四位倒 T 形电阻网络 DAC 电路

图中主要有三部分。

① 模拟开关 $S_0 \sim S_3$ 部分，作用是在输入数码 $d_0 \sim d_3$ 的控制下，将基准电压 $U_R$ 或 0V 电位接到电阻网络中去。

② 电阻解码网络 R-2R，呈倒 T 形。

③ 运算放大器构成求和电路，作用是将电阻网络的输出电流转换成与输入数字量成正比的模拟电压输出量。

（2）工作原理

由图 7-3 可知，模拟开关 $S_i$ 由输入数码 $d_i$ 控制，当 $d_i = 1$ 时，$S_i$ 接运算放大器反相端，电流 $I_i$ 流入运放组成的求和电路；当 $d_i = 0$ 时，$S_i$ 则将电阻 2R 接地。根据运算放大器线性运用时虚地的概念可知，无论模拟开关 $S_i$ 处于何种位置，与 $S_i$ 相连的 2R 电阻均将连"地"（地或虚地），流经 2R 电阻的各支路电流与开关位置无关，为确定值。分析 R-2R 电阻网络可以发现，从每个节点向左看的二端网络等效电阻均为 R，流入每个 2R 电阻的电流从高位到低位按 2 的整数倍递减。从基准电压源输入的总电流为 $I_R = U_R/R$，流入各开关支路的电流 $I_3$、$I_2$、$I_1$、$I_0$，分别为 $I/2$、$I/2^2$、$I/2^3$ 和 $I/2^4$。

可得电阻网络的输出电流

$$I_{OUT1} = I_0 d_0 + I_1 d_1 + I_2 d_2 + I_3 d_3$$
$$= (d_0/2^4 + d_1/2^3 + d_2/2^2 + d_3/2) \, U_R/R$$
$$= 1/2^4 (d_0 2^0 + d_1 2^1 + d_2 2^2 + d_3 2^3) \, U_R/R$$

运算放大器输出的模拟电压

$$U_O = -R_F I_F = -R_F I_{OUT1} = -1/2^4 (d_0 2^0 + d_1 2^1 + d_2 2^2 + d_3 2^3) U_R R_F/R$$

可见输出的模拟电压 $U_O$ 和输入的数字量成正比，完成了数模转换。

（3）集成 DAC

随着集成电路技术的发展，单片集成 DAC 产品的种类越来越多，性能指标有很大不同，分类方法也有不同。若集成芯片按其内部电路的结构不同一般分为两类：一类集成芯片内部只集成了电阻网络（或恒流源网络）和模拟电子开关，另一类则集成了组成 D/A 转换器的全部电路。例如 AD7520 属于前一类，它是 10 位 CMOS 电流开关型 D/A 转换器，具有结构简单，通用性好等特点。现以其为例介绍集成 DAC。

AD7520 片内只含有倒 T 型电阻网络、CMOS 电流开关和反馈电阻。此集成 DAC 在应用时必须外接基准电压和运算放大器。

AD7520 的外引脚排列及连接电路如图 7-4 所示，共有 16 个引脚，各引脚功能如下。

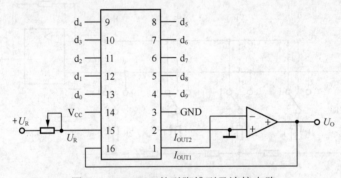

图 7-4　AD7520 外引脚排列及连接电路

1——电流 $I_{OUT1}$ 输出端，接到运算放大器的反相输入端。

2——模拟电流 $I_{OUT2}$ 输出端，一般接"地"。

3——接"地"端。

4~13——10 个数字量输入端，控制内部 CMOS 的电流开关。

14——CMOS 模拟开关的 $V_{CC}$ 电源接线端。

15——基准电压输入端，$U_R$ 可正可负。

16——芯片内部的一个电阻 $R$ 的引出端，该电阻作为运算放大器的反馈电阻 $R_F$，另一端在芯片内部接 $I_{OUT1}$ 端。

## 7.2　模数转换器 ADC

1．ADC 的基本原理

ADC 的主要作用是将连续变化的模拟信号转换成离散的数字信号。图 7-5 所示为 ADC 的基本结构。它一般要包括采样、保持、量化及编码 4 个过程。

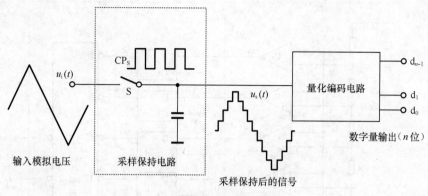

图 7-5　ADC 的基本结构

（1）采样与保持

采样就是对模拟信号定时进行抽取样值，将随时间连续变化的模拟量转换为断续变化的脉冲信号。采样信号 $CP_S$ 的频率愈高，所采得信号经低通滤波器后愈能真实地复现输入信号。采样得到的脉冲信号宽度较窄，利用保持电路的作用可将每次采样得到的值暂存起来，将窄脉冲展宽，变成阶梯波，为后面的量化编码提供便利。

（2）量化与编码

采样保持电路的输出电压虽然已是阶梯波，但其幅值仍是连续可变的，有无限多个值，无法与有限多个数字输出量相对应。因此，必须采取办法将采样后的电压转化为某个最小单位电压的整数倍，即进行量化。任何一个数字量的大小只能是某个规定的最小数量单位的整数倍。量化后的数值最后还需通过编码过程用一个代码表示出来。经编码后得到的代码就是 A/D 转换器输出的数字量。

图 7-5 中，模拟电子开关 S 在采样脉冲 $CP_S$ 的控制下重复接通、断开。S 接通时，$u_i(t)$ 对 C 充电，为采样过程；S 断开时，C 上的电压保持不变，为保持过程。在保持过程中，采样的模拟电压经数字化编码电路转换成一组 $n$ 位二进制数输出。

模数转换的方法很多，这里仅介绍并行比较型和逐次比较型 ADC 的工作原理。

2．常见的 ADC 电路

（1）并行比较型 ADC 电路

图 7-6 所示为三位并行比较型 ADC 电路原理图。

它由电阻分压器、电压比较器、寄存器和优先编码器组成。电阻分压器将基准电压 $U_{REF}$ 分为 1/15、3/15、……13/15 等 7 个等级的电压值，分别作为电压比较器 $C_7 \sim C_1$ 的参考电压。输入电压 $u_i$ 决定了各个比较器的输出状态。电压比较器的输出状态由寄存器存储，经优先编码器编码后，得到数字量输出。例如，当 $0 \leqslant u_i < 1/15 U_{REF}$ 时，电压比较器 $C_7 \sim C_1$ 的输出状态都为 0；当 $1/15 U_{REF} \leqslant u_i < 3/15 U_{REF}$ 时，电压比较器 $C_1$ 的输出状态为 1，其他电压比较器的输出状态仍为 0。寄存器将 $C_1$ 的输出状态 1 存储并送到编码器的 $I_1$ 请求编码，编码器输出 001。当 $u_i$ 为其他值时的情况依此类推。

（2）逐次比较型 ADC 电路

逐次比较型 ADC 电路原理与天平称物的原理非常相似。按照天平称物的思路，逐次比较型 ADC 就是将输入模拟信号与不同的参考电压做多次比较，使转换所得的数字量在数值上逐次逼近输入模拟量的对应值。

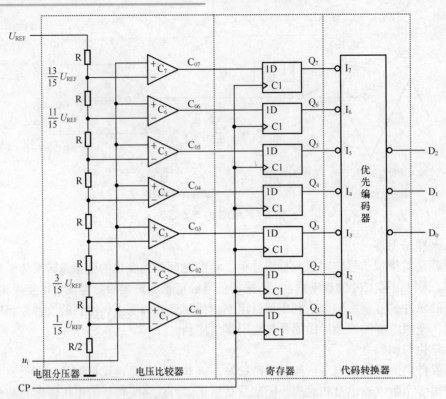

图 7-6　三位并行比较型 ADC 电路

图 7-7 所示为三位逐次比较型 ADC 电路原理图。它由控制逻辑电路、数据寄存器、移位寄存器、D/A 转换器及电压比较器组成。

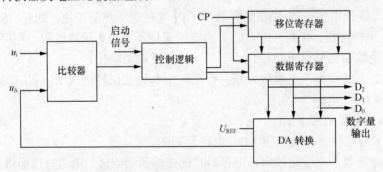

图 7-7　三位逐次比较型 ADC 电路

转换开始之前，控制逻辑先把寄存器清零，将控制信号切换为高电平，然后开始比较。先将寄存器的最高位置 1，使其输出 100，经 D/A 转换器转换成相应的模拟电压 $u_A$ 与 $u_i$ 比较，若 $u_i < u_A$，则将最高位的 1 去掉，将次高位置 1；若 $u_i > u_A$，则将这一位的 1 保留，再将下一位置 1。以此类推，直到最低位止。比较完成后，寄存器中存储的数码就是 $u_i$ 经 A/D 转换所得的数字量。

## 本章小结

- 数模转换和模数转换是沟通数字量和模拟量的桥梁。

- 数模转换器是用权电流（权电容或权电阻）使输出电压与输入数字量成正比。
- 模数转换包括采样、保持、量化、编码。量化、编码的方案很多，本章只介绍了并行比较型 ADC 电路和逐次比较型 ADC 电路。不同的转换方式具有各自的特点。

# 习　题　7

1. DAC 的功能是什么？
2. 简要说明倒 T 形电阻网络实现 D/A 转换的原理。
3. ADC 的功能是什么？A/D 转换包括哪些过程？
4. 简要说明并行比较型 ADC 的工作原理。
5. 简要说明逐次比较型 ADC 的工作原理。

# 参 考 文 献

[1] 康华光. 电子技术基础——数字部分. 3 版[M]. 北京：高等教育出版社，1987.

[2] 李忠国. 数字电子技能实训[M]. 北京：人民邮电出版社，2006.

[3] 张虹. 电子技术与应用[M]. 北京：电子工业出版社，2008.

[4] 吕强. 电子技术基础[M]. 北京：机械工业出版社，2007.

[5] 黎兆林. 电子技术基础与实训[M]. 北京：机械工业出版社，2009.

[6] 何济. 数字电路. 2 版[M]. 成都：电子科技大学出版社，2004.

[7] 刘红云. 数字电路基础[M]. 成都：西南交通大学出版社，2009.

[8] 江国强. 新编数字逻辑电路[M]. 北京：北京邮电大学出版社，2006.

[9] 唐志宏. 数字电路与系统[M]. 北京：北京邮电大学出版社，2008.

[10] 彭建朝. 数字电路的逻辑分析与设计[M]. 北京：北京工业大学出版社，2007.